些须做得工夫处，莫损心头一寸天

理论物理
学研随笔　第2版

Essays on Study and Research in Theoretical Physics

范洪义　著

中国科学技术大学出版社

内容简介

本书选编了范洪义关于理论物理科研与教学的100余篇心得体会。范洪义是我国首批自主培养的18名博士之一，他文理兼修，不但学术上另辟蹊径、自成体系，而且注重理中融文、文中析理，引用的典故切合文章内容，自作的诗词也紧扣科研主题，表现出物理学人的睿智。书中对学研物理的精辟分析与独到见解有助于理科学生提高科学素养和人文素养。本书可谓是不随岁月流逝而风采隐褪的作品。

本书适合理科本科生、研究生阅读，也是文科生提高理科修养的参考读物。

图书在版编目(CIP)数据

理论物理学研随笔/范洪义著. —2版. —合肥：中国科学技术大学出版社，2021.1

ISBN 978-7-312-05065-7

Ⅰ.理… Ⅱ.范… Ⅲ.理论物理学—文集 Ⅳ.O41-53

中国版本图书馆CIP数据核字(2020)第189483号

理论物理学研随笔

LILUN WULI XUE YAN SUIBI

出版 中国科学技术大学出版社
安徽省合肥市金寨路96号，230026
http://press.ustc.edu.cn
http://zgkxjsdxcbs.tmall.com

印刷 合肥华苑印刷包装有限公司

发行 中国科学技术大学出版社

经销 全国新华书店

开本 710 mm×1000 mm 1/16

印张 17

字数 315千

版次 2015年1月第1版 2021年1月第2版

印次 2021年1月第2次印刷

定价 49.00元

第2版前言

综观历代大物理学家，伴随其科学论文的发表，他们往往也有人文作品发表，阐述其艺术观、哲学观、史学观等。爱因斯坦、普朗克、玻恩、玻尔、海森伯等都有这类著作存世。为何会出现这种现象呢？我想这是因为文理相通的缘故吧，一个人在物理上有成就后，胸有“天机”气自华，思想就变得平远、深邃。观察人情世故的视角或有独到之处，分析教育科研问题也比较严谨。笔者三年前在中国科学技术大学出版社出版的《理论物理学研随笔》蒙读者错爱，销售顺畅，故现再版，附加了十几篇近作，望四方学友不吝指教。

范洪义

2020年9月

前 言

本书内容是笔者40年来从事理论物理科研和长期指导研究生工作的体会和心得。笔者是1982年我国第一批自主培养的18名博士学位获得者之一，深感要当得起这"第一批"的名头，不能让后人说这第一批博士徒有虚名、昙花一现。所以几十年来，笔者"如羁如绊科研中，灯下身影累偬倥"。1993年，笔者被国务院学位办评为博士生导师，就身体力行"责己重以周，待人轻以约"的信条。笔者认为要做到传道、授业、解惑，要带出好学生，导师必须时时做个先行者：必须学在前、探在前、推理在前。对于不同的学生要做到因材施教：有的学生可以引而不发跃如也；有的学生就只能手把手地教，并需不断地改进方式和方法。

导师拿什么去教学生呢？导师的作用就只是指点一个笼统的研究方向吗？譬如某老师对某学生说："合肥南七里站地下可能有金矿，你去找吧！"而他自己并没有事先勘探过这块地方。这样的导师就太好当了。古人有云："务学不如务求师。师者，人之模范也。模不模，范不范，危害不少矣。"笔者则身先士卒，在40年的科研生涯中，研究足迹涉及量子力学基础领域的不少方面，并提出了"有序算符内的积分技术"和"纠缠态表象"，系统地发展了狄拉克创立的符号法，使符号法作为量子力学的一种语言体系可以被实施计算而广泛应用。在科研上，笔者另辟蹊径、推陈出新后才开始指导研究生，让学生学习笔者自创的系统的知识，而不是事先招来学生为笔者逢山开路、遇沟搭桥。笔者爱才惜英，注重性灵，对于学生也有情有义，宁学生负笔者，笔者也不负学生。正如狄拉克所说："我可以浪费自己的时间，但我不能浪费学生的时间。"笔者是研究生出身，所以能体会研究生的心态，导师与学生在某种意义上如同观棋者与下棋者，观棋者上场也未必赢，故笔者曾作联"局外观棋指点易，心中郁结告人难"聊以自嘲。

在这种身先士卒的态度下，加之笔者又是个文学爱好者，惯于用艺术家的方式来研究理论物理，总结为人师表的经验，自然有不少感悟，所以就零零散散地写下了一些短文，这是积思聚形、有感而发的心路之作，如唐代诗人王昌龄所言："搜求于象，心入于境，神会于物，因心而得。"

笔者是科技界的垦荒者，尽管已经发表了700多篇SCI论文，出版专著14部，但依然甘于"一灯照影似有伴，十分努力却落荒"的境遇，如北宋文学家欧阳修给韩琦的《相州昼锦堂记》所写的那样，并不以白日衣锦还乡、得志于当时为荣，而志在所做的科研贡献如"德被生民而功施社稷"，进而"耀后世而垂无穷"。所以本书的内容比较合孤独、不得意而志向远大者的"口味"，但这并不影响读者从本书中品出淡泊而积极的生活态度、旷达的情怀，学到有效的科研方法。

本书的编写得到了中国科学技术大学研究生院屠兢、古继宝、陈伟、倪瑞和万红英的帮助，书稿的整理还得到了何锐的协助。本书的出版得到了中国科学技术大学侯建国校长，张淑林、周先意副校长的鼓励与支持。在此一并表示感谢！但由于笔者水平有限，书中的粗疏和失当在所难免，所谓"课题难寻云无迹，论述有缺玉裂缝"，敬请四方读者不吝赐教。

本书的出版若能对同行和研究生有所裨益，启人智慧、发人深省，则万幸。

范洪义

2014年10月

目　录

正经思索外的灵思

散步的本意是为了从艰忍的脑力劳动中解脱出来，使脑系统得以暂休。可往往事与愿违，意外的灵思在散步过程中随所见所闻会不由自主地在脑海里掠过。我总结一下如下场合的见闻能激发自己的新思绪：

凭栏望江迎客思，
明月出云秋馆思，
鉴里移舟天外思，
帆樯落处远乡思，
夜闻归雁出乡思，
林间急雨生秋思，
迎凉蟋蟀喧闲思，
望山又生红槿思，
听罄澄心沉凝思，
心逐秋风无限思，
蝉曳秋声欧公思，
泉声落涧直觉思。

这些与物理思考似乎风马牛不相及的灵思，往往会赋予我的脑海以新的活力。

从韩愈说到普朗克

量子力学的深入发展，愈发地表明系统与观察者是不可割裂的。其实，这种思想早在我国古人文学作品中就有所体现。

韩愈是古代文学家，殊不知他还是一位善于将物理现象拟人化的高手。在《送孟东野序》一文中他写道："大凡物不得其平则鸣：草木之无声，风挠之鸣。水之无声，风荡之鸣。其跃也，或激之；其趋也，或梗之；其沸也，或炙之。金石之无声，或击之鸣。人之于言也亦然，有不得已者而后言。其歌也有思，其哭也有怀，凡出乎口而为声者，其皆有弗平者乎！"

译文：

> "凡各种事物处在不平静时就要发出声音：草木本来没有声音，风摇动它们就会发出声响。水本来没有声音，风震荡它就会发出声响。水浪腾涌或是有东西在阻碍水势；水流湍急或是有东西在阻塞水道；水沸腾或是有火在烧煮它。金属石器本来没有声音，有人敲击它就会发出音响。人的语言也是这样，不得已时才开口发言。人们唱歌是为了寄托情思，人们哭泣是因为有所怀恋，凡是从口中发出而成为声音的，大概都有其不能平静的原因吧！"

韩愈的文章也体现了中国文人"天人合一"的精神。他写道："维天之于时也亦然，择其善鸣者而假之鸣。是故以鸟鸣春，以雷鸣夏，以虫鸣秋，以风鸣冬。四时之相推夺，其必有不得其平者乎！"

译文：

> "上天对于季节也是如此。选择了最善于发声的事物借其发声。春天让百鸟啁啾，夏天让雷霆轰鸣，秋天让虫声唧唧，冬天让寒风呼啸。一年四季相推移变化，也一定有其不能平静的原因吧！"

其实，"上天"这个概念是古人对自然崇拜的尊称，上天的形象就是古人用想象塑造的。苏轼写的《前赤壁赋》里表述的天地物我观也是如此。清代方薰也说："物本无心，何与人事？其所以相感者，必大有妙理。"

中国古人的这种思想，后来也为伟大的物理学家、量子的发现者普朗克(Planck)所认识，他在晚年时写道："科学无法揭示自然界的终极奥秘。这是因为，分析到最后，我们自己就是我们要解决的谜团的一部分。"

猜谜体裁训练中的物理思维模式

汉字的一大优点是可以用它来做一些娱乐活动，如用来猜灯谜，这是外国语言所不能够的。逢年过节，合肥城隍庙里张灯结彩，悬挂了很多谜面，供熙熙攘攘的人群思考。猜谜人先要判断一下，这条谜语的体裁是什么，是考查你的象形能力、会意能力，还是其他，体裁如果想偏了，就猜不出正确答案来。可惜，今春暴发的新冠肺炎破坏了这有趣的群众性娱乐活动。

"会意"是猜谜的一类求解方案，例如，谜面是"倾国倾城"，打一物，比较容易猜到谜底是"地震仪"。物理学家常用会意法来找课题，如德布罗意(de Broglie)会意了光有波粒二象性，就领会到电子也会有，再联想到青蛙跳入池塘激荡的波形，就提交了日后使他获得诺贝尔奖的论文。

猜谜的另一种体裁是"增损"，例如，谜面是"清波滚滚西流去"，打一个词就是"青皮"，这是把三点水"割去"了的结果。英国的麦克斯韦(Maxwell)发现电磁波，也是在理论上增补了一项位移电流。

还有一种是"象形"，例如，谜面是"篱横竹复处，隐隐有人家"，打一个字。谜底是"篇"，它的下部形象为篱横，上部是竹复，"人家"指"户"。物理学家也根据象形来写下公式，如量子电动力学的费曼图。

说起我发明有序算符内的积分(英文简称为 IWOP)方法，也是对狄拉克(Dirac)符号积分用"增损"法，即将坐标表象的完备性中的$|x\rangle\langle x|$增加一个参数k，变为$|x/k\rangle\langle x|$，问对$\mathrm{d}x$积分得到什么结果？同时，这个题也包含了会意，即经典数x变到x/k，那么其相应的量子力学变换算符是什么？当然，此题也有象形的成分，隐喻了压缩变换。

我花了功夫将这个积分做出来，发展了狄拉克的符号法，也为牛顿-莱布尼茨积分找到了一个旁支，得到两弹一星元勋彭桓武先生和于敏先生的赞赏。可以说，当今学量子力学理论者，如果不知道此法，就不能完全欣赏量子力学的美感，难免为憾事。

其他的一些猜谜体裁也能对学好物理有帮助，不一一枚举。

其实,出谜题容易,猜谜底难,这是因为从已知结果追溯原因稍易。解决物理问题又何尝不是如此呢?

但也有一些谜题的谜底和谜面似乎联系不起来,叫人乍一看莫名其妙。那是里面蕴含了典故的原因。

量子物理史学家的责任

当今国内外有不少物理史学家写了不少科普书，尤其是关于量子力学创建和发展史、量子纠缠和量子信息的书，在书店里琳琅满目，其中不乏给青少年读者写的读物，更有给宝宝写的系列物理书，寥寥几页的精装本却价格不菲，似乎字字珠玑。

我以为，由于量子力学是十来个卓然立于千古的天才物理学家自由意志和思想的产物，对于其创造量子力学的复杂的思维认识活动，不能仅仅限于对具体创新过程的追忆和描述上，而应该寻找特殊性、偶然性背后的必然性和普适性，在此基础上发现趣味性，这样的史学书才是有长远价值的。

爱因斯坦(Einstein)曾强调，“要用文献来证明关于怎样作出发现的任何想法，最糟糕的人就是发明家自己……历史学家对于科学家的思想过程大概会比科学家自己有更透彻的了解。”实际上这是爱因斯坦对量子物理史学家的高要求，即是说，你只有透彻地了解那些大家的思想，才能写好科普书，才是对科学史负责。甚至，经过集思广益，你的境界应该比原创者更高。这就像对于中国古典诗词的理解，有的理解可能已经超出了诗人本身的原意，甚至另辟意境。很期待有这类科普作品问世。

判断物理老师是否称职的一个标准

如果撇开口才和教学经验不谈，我认为判断一位物理老师是否称职的一个标准是他能否就他教课的领域出几个有简明答案的简单题目。出物理题和出数学题不同，一道好的数学题需要做题人写几麻袋的草稿纸，能出这样的题目才算得上是出题人有水平。例如，我国著名数学家华罗庚先生收徒的方式就是给学生出演算量不小的题目。而好的物理题却在于问题简单，答案也简明。例如，我曾问博士生如果不是暴晒的话为什么太阳晒不死人。我也问过不少学生，为什么量子必然是自然界的一个基本特征。能直截了当地回答这两题的人，就应该是学量子力学有悟性的好学生。

或问，为什么自强的物理老师要训练自己会出有简明答案的简单问题呢？

因为在出简单题的基础上，可联类不穷，引申推广；而处理有简明答案的题目，则体现简约直接，一题多解，举一反三，类比旁证，并可腾挪贯通到多个物理领域。终极目标是为了物理分析追溯原始，回归至简，语约中的，意赅见深，联类触旁，授人以渔，启动心窍。

前不久，我和吴泽合作写了一本书——《物理感觉启蒙读本》，提出物理感悟的方方面面，也编了一些有答案的简单物理问题，其所遵循的思路是一语道破“天机”，有利于学生培养从悟道到圆通的思维能力。诸位从事大学、中学物理教学的同行，不妨姑妄读之。

费曼为什么中断对分子生物学的研究?

费曼(Feynman)首先被人熟知的身份是诺贝尔物理学奖获得者,绝顶聪明的物理学家,其次是爱玩的天才。

他的前辈泡利(Pauli)评价费曼说:“为什么这个聪明的年轻人谈吐像个无业游民呢?”他的朋友贝特(Bethe)说:“世界上有两种天才,普通的天才完成伟大的工作,但让其他科学家觉得,如果努力的话,那样的工作自己也能完成;另一种天才则像表演魔术一般,而费曼就是后一种天才。”

如今新冠肺炎疫情蔓延,我突然想到费曼曾研究过分子生物学,大约在20世纪60年代,他花了一整个夏天和一个休假年,在加州理工学院做实验,研究病毒攻击细菌的机制,并发现一些所谓“回复突变”(Back Mutation)的现象在DNA序列中发生。受沃森(Watson,DNA双螺旋结构的发现者,诺贝尔生物学奖获得者)的邀请,费曼还到哈佛大学生物系去报告他的成果。然而,不久他就毅然放弃了这一行当,回到理论物理研究里来。

我觉得这是一个谜,费曼不是一个做事虎头蛇尾的人,他在研究病毒攻击细菌已经初见成效时为何突然放弃呢?是因为他预感到了什么风险?还是觉得不好玩了呢?望有识之士告知我。

我又想到费曼曾经多次力辞美国国家科学院院士的头衔,淡化自己的“尊贵和荣耀”,就可以推想这位伟大的物理学家一定对“病毒攻击细菌”的研究保持敬而远之的谨慎心了。

漫谈研习量子力学的“信、达、雅”

人们常说翻译文学作品，要做到“信、达、雅”。“信”，忠于作家之原意也；“达”，译者表达之周也。“信”似乎是指直译，标准是通顺，原文与译文的语句几乎一一对应；而“达”则容忍意译，译者根据自己的理解和外语水平可有限地发挥。据说，李白的《静夜思》就有几十种不同的译文，而且都是高手翻译的。但是，“信”与“达”两者很难划分清楚，因为不达何以奢谈忠信呢？即译者表达的东西不是或未能尽原文的本意。“信”“达”已经够为难人的了，几十种《静夜思》的译文哪一个好呢？众口难调，于是只好看雅不雅了。

回过来说研习量子力学，大学者们（如玻尔、费曼）异口同声地说，没有一个人懂量子力学，不懂即不信，懂了才言信。为何如此说呢？因为量子物理是别出心裁的、类似于“碰运气”的文化。其一，量子世界发生的自然事件是概率性的；其二，不能同时精确描述互为牵制的两个物理量（以算符表征，排序不可交换）。我将其概括为：

算符排序缠不休，同时观察象模糊。

算符排序有先有后告诫我们不能同时“睁开双眼”观察，如若不然，那么看到的东西（象）必然是靠碰运气，是模糊的、统计性的。例如，先测微观粒子的动量 p 和先测其坐标 q 的结果不同。这说明测 q 时影响 p，测 p 时影响 q。形象地说，一个人能用 p 眼看世界，也能用 q 眼看世界，然而当他同时睁开双眼，他就会目眩了。

我国古代早就记载了“目不能两视而明”，即双眼可以同时看清一物，却不能看清两物。古人又说，“厌目而视者，视一以为两”，意思是用手按眼睛，使得眼球变形，此举使得一个物体被看成了两个。可见，量子力学违背常理，难以置信。

但物理学家还是想在“达”上下功夫。海森伯（Heisenberg）用矩阵力学去表达它，薛定谔（Schrödinger）建立波动方程去说明它，狄拉克引入符号法去统一前两者，笔者又发明 IWOP 方法发展其符号法，以“达”而其详。奇才费曼则创建路径积分去阐述量子力学。这些努力都是为了在“达”的基础上实现“信”的目的，一个理论有多种阐述和理解方式，你应该相信了吧，但是固执的爱因斯坦依然不信，甚至把上帝也请出来为他佐证，说“上帝不玩骰子”。能劳动上帝，也是够雅的了。

相比海森伯的矩阵力学和薛定谔的波动力学，狄拉克的符号法简洁，可以说是高雅的了，但高树多悲风，要信它也不易。

比较韩愈和范仲淹谁的古文好

韩愈和范仲淹都是古贤，都是性格秉直的人。韩愈，唐朝人，位列唐宋八大家之首。范仲淹，北宋人。两人差两百多岁。但两人的幼年有相似之处。韩愈三岁而孤，由兄嫂抚育，早年流离困顿，有读书经世之志。范仲淹二岁而孤，母贫无依，再适长山朱氏。既长，知其世家，感泣辞母，去之南都，入学舍。昼夜苦学，五年未尝解衣就寝。他俩后来也都当了官，也都有遭贬的经历，也都有美文传世。如韩愈有《师说》，范仲淹有《岳阳楼记》。那么，他俩之中，谁的文学水平更高些呢？

我偶尔读到韩愈的《南海神庙碑》，有描写海上平和景象的三句："云阴解驳，日光穿漏，波伏不兴"，将这与《岳阳楼记》中描述洞庭湖春和景明的三句"波澜不惊，上下天光，一碧万顷"比较，我认为前者的描述有动感，有初态到终态的演绎。从这一实例可见，韩愈的文字锤炼功夫高于范仲淹。韩愈作为唐宋八大家之首，绝非浪得虚名。从此例作中我也领略到"山外有山"啊。

何锐先生就有此评：

"观范老师此篇评论，再比较一下'云阴解驳，日光穿漏，波伏不兴'和'波澜不惊，上下天光，一碧万顷'两句。我觉得范仲淹的句子读来比较平易和缓，描述的是一幅宏观的静态画面；而韩愈的句子读起来抑扬顿挫，对景色描写颇为生动，'解驳''穿漏''伏''兴'等字词，造字颇奇，且贯穿一气。所以，我觉得也是韩文胜出一筹。文章千古事，若是韩、范两位先辈泉下知其千百年前留下的文字如今被人悉心推敲，应感到欣慰吧！"

世界上第一个明确提出空气有浮力的人

谢肇淛，字在杭，福建长乐人，号武林、小草斋主人，晚号山水劳人。明万历二十年(1592年)进士，官至布政使。他对物理现象有敏锐的直觉和细致缜密的分析。例如，他认为雷电击人，不过是雷电起伏不定，人不幸遇上罢了。他推断"雷之蛰伏似有定所"，曾细致地观察发现家门前的乌柏树每年初春都要被雷电击中，得出雷电击物、击人是有规律的这一结论。他进而质疑轮回报应，"如果说老天有眼，雷电击人是有心的，那么枯树畜产也会被雷电击到，难道它们也做了什么错事，因而遭报应吗?"

后来的富兰克林(Franklin)是在1750年做了实验证明天空中的闪电就是正负电荷的中和。

我读他的著作《五杂俎》(明代一部有影响的博物学著作)，发现他是国际上第一个明确提出空气有浮力的人。书中写道："常言谓：'鱼不见水，人不见气。'故人终日在气中游，未尝得见，惟于屋漏日光之中，始见尘埃衮衮奔忙，虽暗室之内，若有疾风驱之者。此等境界，可以悟道，可以阅世，可以息心，可以参禅(一个人能在他终身畅游其中的空气里做很多事)。"

说明谢肇淛已经知道，如同鱼在水中那样，人在空气中也有浮力。而且他也已经观测到了光在空气中的散射现象，比起1869年丁达尔(Tyndall)发现的现象(清晨，在茂密的树林中，常常可以看到从枝叶间透过的一道道光柱，类似于这种自然界现象，即是丁达尔效应)早了两百多年。

而在国外，格里克(Guericke)把两个直径30多厘米的空心铜半球紧贴在一起，用抽气机抽出球内的空气，然后用两队马向相反的方向拉两个半球，最终用16匹马才将它们拉开。当马用尽了全力把两个半球最后拉开的时候，还发出了很大的响声，这就是著名的马德堡半球实验。该实验证明了大气压强的存在。

爱因斯坦曾说：一条鱼能对它终生畅游其中的水知道些什么?

爱因斯坦所问也使得我发问："一个人能对他终生生活其中的自然界知道

些什么?”其神秘性来自观察测量者与被观察的微观现象之间的纠缠,这在量子力学中已经显现。而五百多年前的谢肇淛早就知道了“鱼不见水,人不见气”是“可以参禅”的啊!

重读《郑人买履》的异议

早在我读小学时，就知道了《郑人买履》的故事，它出自《韩非子·外储说左上》，既是一个成语，也是一个典故，但它更是一则寓言，主要说的是一个郑国人因过于相信"尺度"，造成买不到鞋子的故事。揭示了郑人拘泥于教条的心理，依赖数据的习惯。原文如下：

"郑人有欲买履者，先自度其足，而置之其坐，至之市，而忘操之，已得履，乃曰：'吾忘持度'。反归取之，及反，市罢，遂不得履。"

一般认为：这则寓言讽刺了那些墨守成规的教条主义者，说明因循守旧、不思变通，终将一事无成。但如今，我将这则寓言与物理学家伽利略(Galilei)的测量单摆周期的故事做一比较，恍惚感到不能一概地否定这位郑人的作为。要知道，伽利略曾以自身的脉搏作为时间的量度发现了单摆的周期与摆动振幅无关(在小振动的情形下)，而这是有条件的，即必须事先承认伽利略的心律恒定和精确。但当时并没有这样的计时器。倒是后来伽利略建议医生用单摆原理做节拍器来测量人的心跳速率。

所以我隐约觉得古代的郑人有伽利略的作风，他先测量自己的脚的尺寸，作为以后用的标准。就像伽利略先用自己的心律测了单摆律，而以后他只依靠单摆计时，不再用自己的心率了。难道郑人的思维比伽利略更超前，有将观测结果量化的思想了？

历史上，郑人的举动是否启示商家觉得生产鞋时就标好尺码，进而规范化呢？我不得而知也。

我这样想着比较郑人与伽利略，对不对呢？自己也无把握。于是询问一些有识之士。有倪公(倪瑞)回函曰：

"这个想法很有哲理：

1. 郑人以脚定尺，再以尺量鞋。
2. 伽利略以脉搏定钟摆，再以摆钟量事物运动。
3. 牛顿以绝对时空观定相对运动，再以运动规律解释宇宙。

4. 爱因斯坦以绝对光束定相对时空，再以时空相对性解释宇宙。

5. 玻尔以观测行为决定量子结果，再以量子规律解释微观世界。”

也有批评我的观点的，说郑人放着真脚不用，却跑回家取鞋样子，真是愚蠢之至！

漫说古书中的一则故事的想象力

今年春节以来，新冠肺炎疯行肆虐，我同大多数人一样无奈，只能躲在家里，苟且偷生。惶惶不可终日之余，偶然想起明代小说《封神演义》有哼哈二将的故事，一名郑伦，能鼻哼白气制敌；一名陈奇，能口哈黄气擒将。二将盛气凌人。当他俩各自代表西岐和商纣交战时，哼哈出的气体互伤对方。他们是否是靠从呼吸道哼吐出的飞沫伤人，书中没有交代，但从当下的病毒传播途径来推想，不正是因为他俩哼出哈来的飞沫中有病毒才使其阵前对手吸入肺中后迅毙的吗？他俩的气场是如此之强，以致即便戴口罩也徒劳。嗟乎，抚今追典，古人的想象力居然化为眼前现实也。悲夫！

爱因斯坦曾说，想象力比获取知识更重要，许仲琳写《封神演义》的想象力之奇谲从哼哈二将可见一斑。但我们宁可这个想象是子虚乌有的啊！

哼哈二将

学物理需从"悟"到"通"

学物理比学其他学科更强调从"悟"到"通",即是说学者光悟性好还不够,还需通达。

明末清初的王船山说:"见理随物显,唯人所感,皆可类通。"与王船山同时代的陆世仪(今江苏太仓人)也强调:"悟处皆出于思,不思无由得悟;思处皆缘于学,不学则无可思。学者所以求悟也;悟者思而得通也。"即完美的思考须从悟到通。

我以为"通"字落实在科研选题上,则抒臆在胸,自成经纬,联类不穷,引申推广;落实在解决问题上,则施圆通之妙,候变通之恒,体现简约直捷,一题多解,举一反三,类比旁证,并腾挪贯通到多个物理领域,有张皇幽眇之功。

我有幸提出了有序算符内的积分方法,可将经典变换和量子力学幺正变换"打通",能把数理统计的一部分知识和量子统计力学的分布函数理论融会贯通,丰富了量子统计学的内容。可见要做到通达,也需自己琢磨想出新方法。

物理修养:“行伍出身”还是“绿林手段”

我有时会收到国内外多个物理杂志编辑部来函,要求我一锤定音,决定某篇投稿稿件的命运。这类稿件中数学推导少,臆想的成分多,观点虽新,但不依托基本理论物理知识,看得出来作者没有打好物理基本功,套用《水浒传》中梁山泊上将呼延灼的话是“绿林中手段”。

在《水浒传》第五十七回中呼延灼先是与桃花山打虎将李忠搏斗,李忠在十回合后败去。后来,呼延灼鏖战鲁智深,不分胜败,呼延灼暗暗称赞:“这个和尚倒恁地了得?”稍息后,呼延灼再斗杨志,不胜,寻思道:“怎地那里走出这两个来?好生了得,不是绿林中手段。”

呼延灼出身将门,是北宋初名将呼延赞之后,他武艺高强,而且有眼力。果不其然,鲁智深曾是关西五路廉访使;杨志是武举出身,是杨老令公嫡孙,做过殿前制使。而李忠的祖上是弄枪棒的。看来行伍出身与绿林手段有大区别,基本功不同,打仗效果不同,被呼延灼说对了。呼延灼曾在十合内击败扈三娘,后者也是“绿林手段”。又如,另一个梁山好汉史进的前几个师父都是绿林手段,赢不了真好汉,直到拜了王进这位八十万禁军教头,是行伍出身,史进才学到真功夫。后他能生擒陈达,在瓦官寺斗鲁智深难分胜负也是因为拜了王进为师的缘故。林冲也是行伍出身。

而研习物理的真功夫是学好四大力学,受此训练才是“行伍出身”。那么,研习物理中有“绿林手段”吗?有,我创造的有序算符内的积分理论在四大力学书中是找不到的,属于“绿林手段”,但此论发展狄拉克符号法,加深对量子力学的理解,迟早会进入教科书供人学习,从而成为“将门技艺”。

性格决定思考走向

我从事物理工作五十年，有两点经验：一是注重基本功，如种树要培好根，才可有望结果；二是用心专一，处若有所忘，行若有所遗，忽而若有所失，忽而若有所思。此阶段上，心所向往的，手所推导出的，可能是简洁优美的理论吗？这只是痴人说梦罢了，因为物理感觉尚未培养成熟。如此又坚持了数年，有了物理“通感”，找到了能把物理思想引向深处的数学方法，终于可以做到得心应手，心里想要达到的目标，能在纸上推导出来。那时作的论文，汩汩然如潮涌起来。又过了几年，我写的论文沛然莫御，居然有倒江泻河的气势，其原因是我找到了发展狄拉克符号法的途径。论文有“醇”的特点，可谓一家之言。于是就抵达了第三阶段，善于将不同想法拼在一起形成一个更完整的物理目标去推导它。要做到用心专一，则似乎与性格有关。我小时候被人称“阿木头”(上海人叫的绰号)，因为经常呆呆地闪在一旁看别的小孩玩，心僻而可独处。后来能发明有序算符内的积分理论也是因为我能静下心来换位思考，想象自己是一个外星人，地球人看来是不可交换的两个算符在外星人看来是可以交换的，地球人看来是一个算符厄密多项式，外星人看来是幂级数算符。这段思考的心路历程，出言有本，处心有道，行已有方，但说出来抽象，读者也未必有共鸣。

为了证实性格决定思考走向，我以古人为例。清代顺治年间，有个叫黄履庄的人：

“少聪颖，因闻泰西几何比例轮捩机轴之学，而其巧因以益进。尝作小物自怡，其作双轮小车一辆，长三尺许，约可坐一人，不烦推挽能自行；行住，以手挽轴旁曲拐，则复行如初；随住随挽，日足行八十里。作木狗，置门侧，卷卧如常，惟人入户，触机则立吠不止，吠之声与真无二，虽黠者不能辨其为真与伪也。作木鸟，置竹笼中，能自跳舞飞鸣，鸣如画眉，凄越可听。作水器，以水置器中，水从下上射如线，高五六尺，移时不断。所作之奇俱如此，不能悉载。

有怪其奇者，疑必有异书，或有异传。而予与处者最久且狎，绝不见其书。叩其从来，亦竟无师傅，但曰：‘予何足奇？天地人物，皆奇器也。动者如天，静者如地，灵明者如人，赜者如万物，何莫非奇？然皆

不能自奇，必有一至奇而不自奇者以为源，而且为之主宰，如画之有师，土木之有匠氏也，夫是之为至奇。’

黄子性简默，喜思，与予处，予尝纷然谈说，而黄子则独坐静思。观其初思求入，亦戛戛似难，既而思得，则笑舞从之。如一思碍而不得，必拥衾达旦，务得而后已焉。黄子之奇，固亦由思而得之者也，而其喜思则性出也。”

可见古人早就认可：人之喜思，性出也。

性格决定成果类型

研究物理学史离不开介绍物理学家,有经验的研究者不但介绍其成果,而且给出其思想来源、发现背景与成果展望,更好的是加入一些故事或花絮。而我以为,若有可能,还应描述当事人的性格。为什么这个特定成果的应运而生是由这个人得出,而不是别人。例如,现行量子力学的数学符号是由狄拉克提出的,而他是典型的沉默寡言的性格。性格决定成果类型。

可以这么说,物理学家做学问自始至终与他本人的禀性相关,每一个有星芒的思绪,都受他的心血滋养,融合在脑海里支配其神经和脉络,是有别于其他任何人的。爱因斯坦性情磊落、宽旷,才会想到广义相对论和广袤的宇宙学。

普朗克性格中似乎有些多疑、沉吟,所以他在第一次用内插法带出量子概念后,又用玻尔兹曼熵来理解量子。但这还消除不了他的狐疑,后来他又花了15年来质疑自己的成果。也难怪他如此,因为量子的概念离世俗太远,只有当反对它的人渐渐死去,年轻人才容易相信。

费曼性格活泼,所以发明了量子场论的费曼图;钱学森的性格果敢、坚毅,方能成为中国导弹之父。

后学者们,切忌东施效颦啊!

漫谈旅游景点和旅游文化

每到一景点，除了欣赏风景外，我就忍不住要问当地人，贵地历史上有什么名人？若有，有遗迹吗？要知道，很多景色优美的地方因为没有名人在那里留下游记(哪怕是一首诗)，给游客的印象就不深刻，不久便忘却了。有诗为证：

旅游归来景象浅，只因奇景未起名。
每逢庄院问村史，偶见长亭读联楹。
山中隐士识无缘，树丛杂花徒寄情。
牧童遥指黄墙圄，败破古庙有枯井。

有一年，我与贾新德、王守成游苏南角直镇，一到镇口小河岸码头，就见有小帆船，帆面上赫然写着“多收了三五斗”，这是叶圣陶先生的著名文章题目，我在中学时学习过，叶先生是当地人，是近代文学家、教育家。我于是作诗：

夏日树影沧漪处，漫说细浪滉漾舟。
寂寞小桥睇碧烟，君临阁上有人愁。
暂将橹摇咿呀曲，翻送佳人沉香袖。
最忆码头人长嗟，多收新米三五斗。

我们随后走到角直镇的保圣寺，该寺原是六朝(222～589年)所建禅院，历史悠久，有十八罗汉雕像。镇上在保圣寺内为叶圣陶设立了纪念馆，我们参观后颇受教育。

然而，我在保圣寺前后左右绕行一圈后，却没发现有一丝关于王韬的遗迹，问起几个镇上人，都说不知道。其实，王韬生于角直镇，少时天资聪颖，年轻时因当过洋人与太平天国李秀成谈判的翻译，给太平军写信献策而遭清廷追捕，不得已浪迹海外十几年，后为李鸿章赏识。孙中山也拜访过他，请他改文章，这是因为王韬是清末杰出的思想家、政论家。他于1874年在香港创办了第一份由华人创办的中文报纸——《循环日报》，又是清代出版家。

在中国历史上，王韬最早提倡废除封建专制，建立“与众民共政事，并治天下”的君主立宪制度。他还主张革新兵器，废除弓箭、大刀、长矛，换成新式火器;将帆船换为轮船,"师其所能,夺其所持"。王韬认为单按西法制造枪炮、轮船、建筑铁路,只不过是抄袭皮毛,更重要的是要变革军队的制度和训练方法。

王韬曾借宿保圣寺,这是我读他的游记得知的。游记中王韬写了三篇回忆角直镇景点的文章,分别是《鸭沼观荷》《古墅探梅》《保圣听松》,深切表达了他对故乡的缅怀之情,可惜这三个景点如今都不存遗迹。我在二十年前还有幸买到一本王韬的书信集,内中有他晚年写给李鸿章的信,表达了他对与太平军曾有交往的悔过心情。

角直镇有如此近代名人王韬,而镇上人不知,更无一丝一毫介绍其生平和业绩,岂不令人扼腕叹息乎!

我于是自问:旅游景点和旅游文化哪个重要呢?

听《百家讲坛》想起狄拉克和费曼

近十几年来，中央电视台《百家讲坛》节目纷呈屡演，演讲者各显神通，在助讲手势、语言节奏、章回段落分拆上狠下功夫，放噱头，卖关子，与会者都是“跪着”听，尊侃侃而谈的演讲者为“大师”，顶礼膜拜。与此类似，观看中华诗词比赛的人也尊比赛的评委为“当代诗魁”。而这些人也是理所当然地接受，成为当代风云人物。

这使我想起英国物理学家、诺贝尔奖得主狄拉克在回忆他与玻尔(Bohr)的一段交往时说的：

> “人们颇为着迷地听着玻尔讲话……在他给我以非常深刻的印象的同时，他的论证方式主要是定性的，我没有能够真正认出这些论证背后的事实。我所想要的是可以用方程来表达的陈述，而玻尔的工作很难得给出这样的陈述。我真的不能确定，我后来的工作在多大的程度上受到玻尔这些演讲的影响……可以肯定的是，他没有给我以直接的影响，因为他并不激励人家去构思新的方程。”

狄拉克的这段话启示我们听演讲前应该有的思想准备，不要被演讲人牵着鼻子走，尤其是不要被天花乱坠的辞藻、连续的排比句眩晕了头。

记得大物理学家费曼有一次去外校演讲，他事先让邀请单位出海报虚构另一个不为人知的名字为演讲者，目的是为了杜绝听众只是慕名(费曼是诺贝尔物理学奖得主)而来。真到了开讲时刻，费曼去了，一开口就说：“诸位，海报上的那位先生因病不能出席，让我费曼代劳。”

费曼与那些徒有虚名的“买空卖空”的演讲者真有天壤之别。

为何学做理论物理

尽管物理学是实验科学，但它的发展，甚至关键性的革命性的进展，都离不开理论家的先进思维和数学推导。近代的量子论、相对论都是理论家起了开创作用，如普朗克和爱因斯坦。在不少场合下，理论都走在了实验的前面。理论物理是一门预言和描述实验的学科，是纯粹的基础科学，是物质生活外高层次的精神活动。理论物理学家严谨的格物的脑力劳动，目标是认知“万影皆因月，千声各为秋”。理论家的心智，诚然是由感觉经验所触发的，但不只是感觉经验的逻辑演绎，而是他们的心灵自由活动酿成的。撇开物理的无穷魅力吸引我们去研究理论物理这个理由不谈，还有什么促使我们学做理论物理呢？我认为有以下几条：

理论物理的移情作用

物理是一种生活方式，一个优秀的物理学家能悟出自然美景包孕着自我。伽利略在平滑的水流上行舟，当众人只顾及景物时，他却悟出了“封闭舱中不能分出是否真正在动”，在理解世界的过程中得到心灵的静静满足。也是伽利略，他在教堂做礼拜时，从吊灯的摆动联想到用脉搏的间隔来测量摆的周期，这就是物理的移情作用。唐朝李肇在《国史补》中曾记录了一个叫李牟的人吹笛的场景：“李牟秋夜吹笛于瓜洲。舟楫甚隘。初发调，群动皆息。及数奏，微风飒然而至。又俄顷，舟人贾客，皆有怨叹悲泣之声。”这段散文精彩地道出了李牟的笛声在听众心里引起的感受。清代学者龚炜也曾写下自己的一段经历：“予于声歌无所谙，独喜笛音嘹亮，每当抑郁无聊，趣起一弄，往往多悲感之声，泪与俱垂，审音者知其为恨人矣。今夜风和月莹，阑干静倚，意亦甚适，为吹古诗一二首，皆和平之词，而其声乃不免于呜咽，何也？”可见此笛子的设计制作者能使当时意适平和的龚炜感到伤感，这不正是笛子音调对人的移情作用吗？中医认为听轻松的音乐可以降低血压，尤其是悠扬的笛声，殊不知它还有移情的功能呢！

象征派诗人波德莱尔(Baudelaire)曾说:“你聚精会神地观赏外物,便浑忘自己存在,不久你就和外物混成一体了。你注视一棵身材亭匀的树在微风中荡漾摇曳,不过顷刻,在诗人心中只是一个很自然的比喻,在你心中就变成一件事实:你开始把情感欲望和哀愁一齐假借给树,它的荡漾摇曳也就变成你的荡漾摇曳,你自己也就变成一棵树了。同理,你看到在蔚蓝天空中回旋的飞鸟,你觉得它象征一个超凡脱俗、终古不灭的希望,你自己也就变成一只飞鸟了。”所以理论物理大师海森伯对他的弟子布洛赫(Bloch)就理论物理的感觉曾说:“天空是蓝色的,鸟在其间飞。”

犯错又不显愚蠢

理论物理需要极高的数学修养,所以有人认为做理论物理是由于爱数学。而物理学家、诺贝尔奖得主莱格特(Leggett)就自己的专业选择的经历回忆说:“投身数学研究或许是一种选择,但我又不喜欢数学中‘错误便意味着蠢笨的感觉’。我需要一种允许犯错误而又不显得自己愚蠢的学科,物理学似乎能够提供这种机会……你可以提出一系列有意义的猜想,这当中的有些已被证明是错误的,却是给人以启示和希望的错误,因此并不显得愚蠢……正确及错误,使我的理论思考与现实世界相映成趣并得到检验。正是这样的相互印证,令人们感受着物理学的无穷魅力。”对理论物理可持怀疑态度,理论物理学家优劣之别在于是否看出释义不同之处与漏洞及是否具有从不同角度去审视突破方向的本领。理论物理陶冶了我们如何思考与感知;对已知世界的看法,对尺度、限度(数量级)的认识;对不确定性的忍受,对近似的宽容(对人缺点的包容)。由于真理有多个不同的侧面,理论物理学家就负有责任,尽量用普通物理的术语来解释我们的理念,从这个角度来说,科学如隐喻。

理论物理学家不知今夕何夕

当一个人超凡脱俗、狂放洒脱时,就会超越时间而遗世独立。爱因斯坦在他的狭义相对论中关于时间的看法是:光速是联系时间与空间的一个不变物理量,因而没有了绝对时间的概念。所以他说:“时间是一个错觉。”

我国南宋时期,连中三元的张孝祥在1166年被人谗言诬告,罢职从岭南回归老家,行舟经过洞庭湖时,看到浩渺的水面上“素月分辉、明河共影,表里俱澄澈”,于是“悠然心会”,感到自己“稳泛沧溟空阔”,与时空已浑然一体。他不禁“扣舷独啸”,发出了“不知今夕何夕”的感叹。所以学做理论物理者容易与张孝祥“不知今夕何夕”的感叹产生共鸣。请看其词全文：

洞庭青草，近中秋，更无一点风色。
玉鉴琼田三万顷，著我扁舟一叶。
素月分辉，明河共影，表里俱澄澈。
悠然心会，妙处难与君说。

应念岭表经年，孤光自照，肝胆皆冰雪。
短发萧骚襟袖冷，稳泛沧溟空阔。
尽挹西江，细斟北斗，万象为宾客。
扣舷独啸，不知今夕何夕！

当我们与自然规律悠然心会，发现新规律、发明新方法时，也会陷入“不知今夕何夕”的感觉。

易保持童心

物理学是一门研究简单事物的科学，模型越简单就离现实越远，然而最简洁的模型往往是最有用的模型，所以理论物理学家通常会问一些很明白、很天真的问题——热是什么？光是什么？以光速行走的人能看到什么？——而引出惊天动地的答案。正是因为这样，理论物理学家易保持童心。我国明朝文人李贽曾写《童心说》，认为只要“童心常存”，就会“无时不文，无人不文，无一样创制体格文字而非文者”。童心的一部分是好奇心，我本人之所以选择理论物理专业，是因为在读高中时就对相对论中的尺缩和时延现象产生了强烈的好奇。爱因斯坦晚年，在回顾自己奋斗的一生时，曾写道：“在漫长的科研生涯里，我领悟到了一件事情：我们的全部科学，相对现实来掂量的话，都是简单朴素而充满童趣的，这才是我们拥有的最宝贵的东西。”

有艺术，有诗意

我国著名的美学家朱光潜曾说：“就个人说，艺术是人性中最原始、最普遍、最自然的需要。”学做理论物理可以满足这种需要。理论物理大师玻尔曾说：“就原子论方面，语言只能以在诗中的用法来应用。诗人也不太在乎描述的是否就是事实，他关心的是创造出新心像。”

享上乘之趣

明代进士袁宏道曾说:“夫趣得之自然者深,得之学问者浅。”理论物理学家直接与自然规律打交道,趣在其中也。

容易写墓志铭

卓有成效的理论物理学家的墓志铭上往往镌刻有他们创造的方程。这是一道特殊的风景。如玻尔兹曼(Boltzmann)的墓志铭刻有 $S = k\ln W$;玻恩(Born)的墓碑上刻有 $[X,P] = \mathrm{i}\hbar$;狄拉克与薛定谔的碑文上分别刻有以他们名字命名的方程。这是因为:人们相信这些方程远胜于相信他们本人。

求人不如求己

理论物理学家往往是个体脑力操行者,不需或可少看别人脸色,且可以在任何场合思考问题,着手科研。

“物以变幻含理趣,人因思考长精神。”如果你想直接揣摩自然的脉搏,又觉得自己足够聪明,待人接物却不那么圆滑,那就学做理论物理吧。诗曰:

锁眉怎颜展,格物解形劳。
千秋几人圣,万象一式描。
才艺双管下,难关单骑挑。
不谙宇宙理,庄子浑逍遥。

理论物理学家的普通物理修养

一般认为，理论物理学的任务是揭示物理现象的本质，并将其上升为理论规律凝结下来，因而是高于普通物理、深于普通物理的学科。理论物理学是一门知识累积的学科，所以理论应该简洁，并有适当的抽象。理论物理学的先驱是爱尔兰的哈密顿(Hamilton)与英国的麦克斯韦：哈密顿把牛顿力学粒子轨道理论纳入哈密顿方程，后来薛定谔就是根据粒子轨道理论与光线理论的相似性提出了量子力学的波函数方程，为量子理论的哈密顿形式奠定了基础；麦克斯韦首先用数学统计的方法揭示了热现象的本质，即气体表现出来的普通物理的宏观性质来源于分子间的碰撞，麦克斯韦推出大量无规则运动分子的速度分布律，开创了理论物理的先河。此后，爱因斯坦处理布朗运动的理论与麦克斯韦研究分子碰撞的方法有异曲同工之妙。

麦克斯韦又总结了普通物理电磁学的几个实验定律并将其发展为麦克斯韦方程组，从此推出了位移电流(任何变化电场在介质中产生的电流)与电磁波。可见理论物理虽然是从普通物理升华而来的，但又可以预见新的普通物理现象，如今电磁场理论也可作为普通物理的一部分，进行着“普通物理—理论物理—更高层次的普通物理”的进化。

理论物理与普通物理的区别可以从费曼父子的一段对话中听得出来。有一回，费曼从麻省理工学院回来，他父亲说有个问题一直弄不懂，费曼问他是什么问题，父亲说：“原子从一个状态向另一个状态跃迁时，会放出一个叫光子的粒子来，是吗？”“是这样的。”费曼答道。父亲又接着问：“那么，原子里是原先就有个光子了？”“不，原先并没有什么光子。”“那么，”父亲很迷惑，“它又是从哪里来的呢？怎么就冒出来了？”费曼费了很大劲跟他解释，说光子的数目是不守恒的，它们是由电子的运动创生出来的……但这对于说服他父亲都无济于事。最后，费曼只好打了个比方说：“就像我现在发出的声音，它并不是事先就在我嗓子里啊。”可是他父亲仍不满意。费曼认识到他是讲不清楚他父亲所不懂的东西了。

类似的问题，我国宋代苏东坡早就注意到了，他在《琴诗》写道：“若言琴上有琴音，放在匣中何不鸣？若言声在指尖上，何不于君指上听？”也就是说，苏东坡也悟到了振动与波的关系。

如此看来，有良好理论物理修养的人，不一定能教好普通物理，也不一定能在普通物理的框架内把某些理论讲清楚。而卢瑟福（Rutherford）却要求说：“一个物理理论应该是酒店的服务员都能理解的。”这话过了些，但是理论家应该尽量以通俗易懂的方式讲述深奥的理论，这就需要他有很好的普通物理训练。这就是为什么费曼要自己写一部普通物理书，他力图自己重新阐述几乎所有的物理问题，这就是理论物理学家的普通物理修养。

一个理论物理学家，需经普通物理的定性或半定量的思维训练，才会有常识，才有触发直觉的可能性，从寻常生活（普通物理）中发现崎岖问题并对其思考，究其理论，甚至于能出大成果。例如，普朗克就是从炼钢时钢水的温度与颜色的关联曲线中用理论推出了量子的概念，他能成功是因为他有很扎实的热力学基础，对熵的知识能娴熟应用。提出微观粒子的波粒二象性的德布罗意的思考模式也属于普通物理。对于普朗克在1900年提出能量量子的学说，德布罗意的第一个问题是，不能认为光量子理论是令人满意的，因为它是用$E=h\nu$这个关系式来确定光微粒能量的，式中包含着频率ν。可是纯粹的粒子理论不包含任何定义频率的因素，对于光来说，单是这个问题就需要同时引进粒子的概念和周期的概念来说明。另一个问题是，确定原子中电子的稳定运动涉及整数，而至今物理学中涉及整数的只有干涉现象和本征振动现象。这使德布罗意想到：不能用简单的微粒来描述电子本身，还应该赋予它们以周期的概念。

“于是我得到了指导我进行研究的全部概念：对于物质和辐射，尤其是光，需要同时引进微粒概念和波动概念。换句话说，在所有情况下，都必须假设微粒伴随着波而存在。”德布罗意如是说。从几何光学的最短光程原理和经典粒子服从的最小作用量原理的相似性，德布罗意写出了物质波公式。

又如，泡利也是从普通物理的分析发现电子状态的不相容原理的。从玻尔轨道理论已经知道电子的轨道半径是$r=\frac{\hbar^2}{(Ze)^2 m}$，$Z$是原子序数。当$Z$增加时，电子基态的半径将减小。同时，由能量公式$E=\frac{-4\pi^2\ (Ze)^4 m}{\hbar^2}$可知电子被束缚得更紧，于是原子实体将随$Z$的增加而减小。尽管电子间有排斥力，但不至于强大到阻止原子序数大的原子有收缩到尺度相当小的趋势。于是原子的体积将随Z的增加而减小，但这与事实不符，也和化学知识相冲突：如果电子都挤在同一轨道上，化学反应就难以发生。所以必定存在着一种基本原理阻止所有的电子都挤在同一个最低的量子轨道上。这就是产生发现的原始想法，这个想法只是用了普通物理的知识。

爱因斯坦也非常喜欢思考普通物理问题。例如,河流为什么越来越趋于弯曲? 正是他最早提出了“人骑在光线上会看到什么现象”这样看似很普通的问题。

最近发现的希格斯粒子也是出于对普通物理的考虑,即在弱电磁相互作用统一模型中的 W 玻色子和 Z 玻色子为什么会有质量? 希格斯认为:粒子之所以有质量,可以与一个小球在盛有液体的玻璃杯中下沉需要更长的时间这一现象相比较,小球在液体中的质量好像变大了——因为重力需要更长的时间才能使其沉底。W 玻色子和 Z 玻色子有质量就是由于存在希格斯场的作用,如同黏稠的液体那样,希格斯场使得被作用粒子不易加速,惯性变大,即被赋予了质量。

理论物理学家要讲好普通物理绝不是一件轻松的事。有一次,听费曼讲课的一名教员请求解释为什么自旋 1/2 的粒子满足费米-狄拉克统计。费曼当即表示他将为新生准备这一课题的讲座。但是,几天后他在教室里说:“你们知道,我做不到这一点。我不能把这个问题在新入学学生的水平上解释清楚,这说明我实际上没能理解它。”

类似的情况也发生在化学界,1983 年度诺贝尔化学奖获得者、美国化学家亨利·陶布(Henry Taube)曾被人问道:“您能否深入浅出地讲一讲您的研究要点?”陶布回答说:“不,我办不到。几个月以前有人要我写一篇有关我的研究的科普文章,让非专业人员都能看得懂。我写了满满 10 页纸……到头来才恍然大悟,原来我写的是大学一年级的普通化学教材。”

我虽然也教过普通物理,但没有狠下功夫,在看电视上的《动物世界》节目时,就问自己为什么北极熊的皮毛是白色的。可惜这个问题已经可以用基尔霍夫(Kirchhoff)定律解答了。基尔霍夫在 1859 年导出:“在相同温度下的同一波长的波辐射,其发射率与吸收率之比,对于所有的物体都是相同的。”北极熊在漫长的冬天里,为了减少身体热量的辐射,就很睿智地穿上了“白衣服”。顺便提一下,基尔霍夫还引入了“绝对黑体”的理想物体,但他从未想到的是,对绝对黑体的热辐射研究引发了量子论。

可见,尽管理论物理相比于普通物理是“欲穷千里目,更上一层楼”,是更有挑战性的工作,但是理论物理学家要把其理论“回归”到新层面上的普通物理则更难。

理论物理研究贵在形成学派

创建学派是科学进步的一个重要标志。了解量子力学历史的人都知道有个哥本哈根学派,它是以玻尔、海森伯为首的多名量子理论物理学家在做研究和讨论的过程中自然形成的。我认为学派的定义是:

1. 有明确的令人感到惊艳的学术思想,附有独到的学术风格或研究方法。惊艳者,优美之谓,值得后人欣赏与玩味。
2. 有大师及一批在其氛围和影响下工作的科学家,时有出色的后继者。
3. 其科研成果经得起时间的考验,“浪花淘尽”下,不会在历史的进程中被淹没。
4. 科研成果有系列性,成气候。
5. 科研方向具可持续性。
6. 可著书立作,经久不衰。

歌德(Goethe)曾指出:“独创性的一个最好的标志,就是在选择题材之后,能把它加以充分发挥,从而使得大家承认,在这个题材里发现的东西超乎人想象。”我想这也是判别一个学派能否形成的标准。

以此为准,一个普通的科学家即使在事业上有成就,学问上有造诣、有深度,也不一定成气候,无气候则不成学派。纵观历史,两千多年前的孔夫子有贤人七十,弟子三千,以后又有孟子等继承与发扬,于是形成了学派。诺贝尔奖得主中不乏师徒获奖的群体,也可以说是一种广义的学派。

中国科学技术大学老校长郭沫若十分重视学派的形成,早在建校时他就说:“科大不仅要创建校园,而且要创建校风,将来还要创建学派。”如严济慈老校长所指出的那样,要创建学派,其首要条件是在科技园地里自己种一棵树,生根、发芽、开花、结果,即不但要形成鲜明的学术特色和学术优势(有一系列的有价值的论文发表),而且其后续工作也是层出不穷的。

作为研究生导师,要让学生们了解科学上各个学派的特点,从求同存异中发现课题。例如,关于光的本性,历史上有牛顿(Newton)的微粒说,又有惠更斯(Huyghens)的波动说,各执一词,互不相容。关于这一状况,我曾写对联概括为“坐地平扁却是球,见光直行难为波”。在18世纪,光的波动说得到发扬,原因是其主要后继者菲涅尔(Fresnel)首先发现了光的衍射现象,后来,麦克斯韦又证明了光是电磁波。但是光的微粒说仍然“余音绕梁”,光电效应实验青睐光子的概念,在量子光学中光子的描述也很重要。所以爱因斯坦晚年曾感叹:如果有人说他已经知道了光的本性,那只是自欺欺人。可见,各个学派有时是相辅相成的。又如,在量子力学的理论描述方面,有薛定谔的波动力学和海森伯的矩阵力学,狄拉克总结了两者的特点,发明了符号法,可以兼顾与统一这两种描述。狄拉克生前希望他的学派能得到发展,在《量子力学原理》一书中他写道:“符号法在将来当它变得更为人们所了解,而且它本身的数学得到发展时,将更多地被人们采用。”

山水画一代宗师黄宾虹先生每对人言:“自成一家不易。必须超出古人理法之外,不似之似,是为真似,然必入乎古人理法之中;如庄生梦蝴蝶,三眠三起,吐丝成茧,束缚其身,若能脱出,便栩栩如生,何等自在。凡作画者,既知理法,又苦为理法所束缚,正与蝴蝶然,若不能从茧中脱出,岂甘做鼎镬之虫哉。”

我在郭沫若和严济慈两位老校长的感召下努力去实践发展狄拉克符号法,在量子力学的数理基础上另辟蹊径,开引了一个新的研究方向,发明了有序算符内的积分理论,揭示了量子力学的语言——符号法——的深层次的美,使量子力学表象与变换理论有别开生面的发展,尤其是在爱因斯坦的量子纠缠思想的基础上建立的连续纠缠态表象有广泛的物理应用。三十多年的研究表明,有序算符内的积分理论也为牛顿-莱布尼茨积分理论开拓了新的发展方向:牛顿-莱布尼茨积分规则原来只对普通函数适用,对由狄拉克符号组成的算符做积分则行不通,原因是该类算符包含不可对易的成分。而有序算符内的积分理论克服了这一困难,有广阔的数理应用前景,实现了狄拉克的期望。通向深入物理概念的道路和巧妙的数学方法是不可分的,现在,懂得与欣赏有序算符内的积分理论的人和跟踪研究的人越来越多。有关有序算符内的积分理论的综述性文章在国际著名理论物理杂志 *Annals of Physics* 上连载了五篇。

中科大研究生院的领导十分重视有创新理论的教材出版,我正在把几百篇论文中的成果系统整理成专著。随着时间的推移和后人的不懈努力,有望在量子力学界和量子光学界的数理基础方面形成以中国人为主体的学派。

写给初学者——理论物理的研究途径

研究理论物理常常采用两种途径：一是从分析物理现象（新现象或新现象与旧有理论的冲突）着手，建立起唯象的或纯理论的模型，使之不但能解释新现象，而且能预言新物理。这种途径以物理概念和物理本质的思考为主，以数学推导的手段为辅，其代表人物是玻尔。另一种途径是以物理为背景，以数学思考和计算为主来演绎出物理结论，其具有代表性的物理学家也能做出划时代的贡献，如英国物理学家狄拉克。而爱因斯坦、费曼、朗道（Landau）等则是交替采用这两条途径的理论物理学家。以他们为明镜，我们的理论物理专业研究生应该在这两方面注意培养自己的能力与素质：一方面提高物理直觉的能力，另一方面则加强与扩展自己的数学能力和视野，甚至自己发明新的数学物理方法。导师在具体指导学生论文的进程中，应该提醒他们防止“只见树而不见林”，要经常注意与此理论相关的实验的发展。大物理学家海森伯曾回忆：当他还是孩提时，一天他要在一个木盒上钉盖子，拿了锤子与钉子试图把一根钉子一下子锤到底。他的祖父是一个手艺人，制止了他并把一根钉子锤到只穿透盒盖一点点，然后再以同样方式钉第二、第三……根钉子，一直到所有的钉子都在盒盖上，检查了所有露尖的钉子与盒子配合得很好后，才把它们一一钉入盒子内。海森伯认为在研究物理的过程中，一个人不能在一时只解决一个困难，他不得不在同时解决相当多的困难后才能真正前进。

朱熹说：“教学者如扶醉人，扶得东来西又倒。”我们做导师的则要根据每个学生的情况决定是让他们自己选题还是给他们出题。对于少数能力很强的学生应该知人善任，让他们自己去闯路子。而对于大多数学生，则需根据其学习背景、长处和短处，给他们选择一个难度适中、经过较刻苦的研究能够完成的论题。这样做既培养了学生的科研能力，又增强了他们的信心与兴趣。如果一开始就出难度很大的题目，啃了几年尚无明显好结果，则会使学生感到沮丧。所以给每一个研究生选一份“可口的菜”是导师的责任，也是导师指导能力的体现。

物理学家费曼也有同样的观点，他曾在写给某个研究生的信中提到：

"在科学界,只要是出现在我们面前而还没有解决的问题,我们就有办法向答案推进一点,这就是伟大的问题。我倒是想建议你,先找一些更简单的,或者如你说的,更卑微的问题。让你可以轻易解决掉。不管问题有多么平凡都没关系,你会尝到成功的喜悦。而且要经常协助同事,就算回答那些能力不如你的人所提的问题,都是值得做的,都会累积自己的成就感。不要因为'什么问题没意思、什么问题才有价值'这种错误想法,而一直闷闷不乐,剥夺了自己对成功的喜悦。"

经过了信心的培养及少量文章的正式发表,就可鼓励与引导学生(特别是博士生)去攻克重要的、相对深奥的、根本性的理论问题。关于选题,物理学家、诺贝尔奖得主维格纳(Wigner)曾经说过:"在我的整个学术生涯中,我发现最好的是寻找这样的物理问题,其解答看起来原本是简单的,而在具体操作的时候会揭示出这样的问题常常是很难完全处理得了的。"这类题目也可分为两类:一类是国际上同行们正在关注的热点,沸沸扬扬地讨论个不停;另一类是另辟蹊径,自己创造一个学术系统。此后,在指导研究生的过程中,我们应特别注意引导他们以不同的思维方法去钻研同一问题。大物理学家费曼曾说:"我认为问题不在于找到最好的或最有效的方法来推动发现的进程,而是要找到多样化的方法看待同一问题。物理原理并不提供帮助人们产生关于未知的东西是怎样与已知的东西发生关联的建议,由不同的物理思想描述的理论在所表达的语言方面是等价的,因而在科学上是不可区分的。不过,以此为基础出发求取未知的东西时,从心理学角度来看它们不是全同的。因为不同的观点建议给不同类型的可能的修正……所以我想,在今天,一个好的理论物理学家也许会发现,具有宽广的物理见解和同一理论的行之有效的不同数学形式是有用的。也许这样的要求对于学生来说是过高了些,但对新学生们应该设置这样一类激发多元化思维的课程。如果每一个学生跟随相同的流行式样来表达和思考一般已被理解的领域,那么生成形形色色的假设以理解新问题就受到了限制。也许真理在时尚思维的方向上隐藏着的机会是很大的,但是,要是它是躲在另一个方向上的某处呢? ……谁又会发现这个真理呢?"费曼自己也是这么做的,他为学生撰写的《费曼物理学讲义》这本书虽然是讲普通物理的,但是每个专题都有他自己独到的见解与创新。

我国古人曾以画山比喻做学问:"山,近看如此(犹一个样,下同),远数里看又如此,远十数里看又如此,每远每异,所谓山形步步移也。山,正面如此,侧面又如此,背面又如此,每看每异,所谓山形面面看也。如此,是一山而兼数十百山之形状,可得不悉乎? ……可得不究乎?"这段话与费曼的以不同的思路、方法去推动发现的进程是一致的。这样做,还可以培养研究生们对物理的浓厚兴趣，而“世人所难得者为趣”。古人认为山水有趣方为妙山妙水，人有趣方为妙人，文有趣方为妙文，所以我们常可以看到所寄论文的审稿意见中有“This is an interesting paper（这是一篇有趣的论文）”之类的评语。

“天下之趣味未有不自慧生”，能否欣赏理论的美也是衡量研究生素质的一个标准。这正如欣赏唐诗、宋词需要一定的文化修养和高尚的道德一样。我们要通过让学生广泛地阅读文献，加强基础课程的训练来提高他们的智慧，开启他们的心灵，培养他们对物理文章的审美兴趣。如果时间和环境允许，也可以偶尔和学生一起进行文学的阅读和欣赏座谈，了解科学和艺术的联系，提高他们撰写科研论文的能力。要培养出好的学生，我们做导师的也应不断地进行知识更新，对学生以自己理解的方式与自己创造的数学（如果有的话）去解释物理。只有自己理解深刻的东西才会有“会当凌绝顶，一览众山小”的功能，才会让学生有如饮清泉的感觉，对物理的直觉才能有效地提高。

心静——理论物理研究生的涵养

在我发表的文章中,曾从方法论的角度来阐述如何培养理论物理研究生的素质。文章发表后得到了读者们的一些积极反应,而我自己则觉得前文言犹未尽。说实在的,培养学生高的素质光从方法论上着手是不够的,更重要的是研究生们要自然形成一个淡泊、宁静(近乎空灵)的心境,有了这种心境,才能使自己的脑力运转到极致,达到新知识的彼岸,此所谓“心到静极时,真境产生处”。因为理论物理的思维不是只借助于词汇来进行描述的,它伴有活动的形象“流”的过程。这种形象可以是费曼图,也可以是狄拉克符号等。这也就是为什么狄拉克特别重视一个崭新的理论所采用的符号。因为一个好的符号不但能够简洁深刻地反映物理本质,使物理内容与数学符号有机相映,而且可以大量地节约人们思维的脑力。例如,他把一个跃迁矩阵元记为$\langle out|\hat{O}|in\rangle$就形象地反映出了初始状态$|in\rangle$经过一个仪器$\hat{O}$的作用而变为输出状态$\langle out|$。费曼发扬与继承了狄拉克的思维传统,创造了能描述各种基本粒子相互作用的(包括中间过程的虚粒子)图形(费曼图),使量子场论更加容易理解与交流。而这些包含符号与图形色彩的脑力思维,需要思考者有好的心境,在所谓“人闲桂花落,夜静春山空。月出惊山鸟,时鸣深涧中”的境界中,才容易迸出灵感的火花,直觉才会油然而生。所以我们做理论物理的要力戒烦躁与浮华,尽量保持一种超脱的心境。

可以说:物理现象之真相,唯静者能识得透;物理规律之真谛,唯静者能揭示与概括;数学公式的美妙,唯静者能欣赏。这正如夜静能听到花瓣悄然落下的声音。物理学家海森伯当年将自己放逐在一个孤岛上,而悟出了量子力学的基本对易关系,从而发现了不确定原理和矩阵力学。“而今之学者将个浮躁心观理,将个萎靡心临事,只模糊过了一生。”

古人云:“君子洗得此心静,则两间不见一尘;充得此心尽,则两间不见一碍;养得此心定,则两间不见一怖;持得此心坚,则两间不见一难。”要想能深思熟虑,灵感涌现,参悟到物性,培养一个宁静淡泊的心境是必不可少的。诸葛亮说:“淡泊以明志,宁静以致远。”这正是理论物理专业的学生必要的素质。而要做到心静，就要少一些得失心。我曾写诗：

浮沉人皆有，得失余独闲。
元神游海角，佳文共月圆。
芳草荣历枯，夕阳落又还。
雅诗静里得，便觉尘世远。

或以为“经其户，寂若无人；披其帷，其人斯在，岂得非名贤?”我们说的静不是指心如枯槁，或是找一个无声无息的地方躲起来，而是要体验“寄舟水天横，挂月江心生”的感觉，才能以静制动，体味“斗转星移，银河充满生机”。

我有个德国朋友是理论物理学家，做得一手好数学，严谨推导功夫十分了得。我与他以文会友，在长期相处的过程中，从未发现他谈过什么功名利禄之事。除了科研之外，他关心的是动物、植物，到中国来访问时，还买了几本关于中国植物的书。我陪他外出游览时，见到各种花草，他随口即能说出其英文名，可我连其中文名都叫不上。这说明他是个以融入自然来陶冶理论物理素质的人。这使人想起爱因斯坦、普朗克、薛定谔终生都与音乐为伴，使自己常有个宁静的心境。

“静谧灵感源，涌思脑海舟”，在所有的学科专业中，学习与研究理论物理时最需要一种自然适意、清静超脱的精神境界。针对当前不少研究生的若干浮躁现象，强调宁静致远，将它作为一种素质来培养是我的一个观点。也就是说，想最终参悟物理意境的幽深，揭示新的物理规律，创造新的数学方法，首先应从自然平淡出发，才能“出新意于法度之中，寄妙理于豪放之外”。国学大师王国维在《人间词话》中写道：“无我之境，人唯于静中得之。”我想，反过来说，入静便无自我。当脑海里展现出物理图像与公式演算的阵列时，“我”已经不存在了。有诗为证：

开题直觉研路通，理近咫尺却难同。
点点星芒依稀光，翩翩蝶飞不期风。
目凝荧屏忘饿饥，心潜静境判西东。
日间事杂分神多，更堪做题在梦中。

物理理论的推理可以帮助入静，因为推理需要有定力，有时一个公式需推导几天甚至上月，这比坐禅功夫要深得多。我不知道坐禅时人的脑子是否还动着，但理论物理学家思索时脑子转得飞快，是静中的动，是动中的静，是逝者如斯的平静。

清代一学者的学习诗可以为我们借鉴：

读书贵神解，无事守章句。
混茫万古心，每于故纸寓。
忆昔就傅时，端受鲁莽误。
年来发深省，颇领此中趣。
中夜每独坐，睒睒灯火聚。
到眼初茫然，思力未能赴。
朗吟一再过，旨趣或流露。
回环三复余，延缘得津路。
此时万籁寂，炯炯一心注。
若距且若迎，倏尔忽来悟。
顿令千载人，精魄宛相遇。
掩书起推窗，皎月挂高树。

理论物理研究生的文学素质

理论物理学科研究生的研究成果往往是以论文形式发表的,写作论文本身除了要求物理观念有创新、数学计算正确无误外,文字语句表达也十分重要。是否一语中的、言简意赅、层次分明、可读性强,这就与研究生的文学素质有关。有的学生科研结果是得到了,但不具去粗取精、由此及彼、由表及里的写作功夫,不会将成果总结而上升到一篇耐读的论文的高度,从而使文章的影响力大为降低。往往有这种情况发生:论文被退稿,原因或是逻辑性差,论文结构松散,词不达意;或是重点不突出,使得审稿人抓不到要领而生厌倦。

除了写作论文本身的质量要求物理研究生提高文学素养外,更重要的是,良好的文学素养可以提高学生的科研能力。当代文学巨匠王蒙,在题为《符号的组合与思维的开拓》一文中写道:“语言是一种符号,但符号本身有它相对的独立性与主动性。思想内容的发展变化会带来语言符号的发展变化,当然,反过来说,哪怕仅仅从形式上制造新的符号或符号的新的排列组合,也能给思想的开拓以启发。”一门学科中的数学符号也可以在某种程度上看成文学语言,尤其是理论物理中的符号,它是独特的语言,有相对的独立性,它们甚至比发明它们的人更聪明。量子力学创始人之一——狄拉克注意到量子力学的概念与经典力学的概念大相径庭,所以量子力学必须有自己的符号,这促使他花了一年的时间发明了符号法,并指出:“符号法,用抽象的方式直接地处理有根本重要意义的一些量……”“但是符号法看来更能深入事物的本质,它可以使我们用简洁精练的方式来表达物理规律……”。狄拉克发明的永垂不朽的符号系统,不但能深刻简洁地反映物理本质,而且也为后人去发展它奠定了基础,我另辟蹊径,有幸找到发展其符号法的突破口,在经历了 20 年的苦心钻研后,使量子力学的表象与变换理论推陈出新,有一个令世人瞩目的有长远影响的别开生面的发展。

又正如王蒙所言:“思想比较丰富的人语言才会丰富,思想比较深沉的人语言才会深沉,思路比较灵活的人语言才会灵活。这些都是没有疑义的。反过来,语言的灵活性、开拓性、想象力也可以促进思想的灵活性、开拓性,促进想象力的弘扬与经验的消化生发。”经常性的文字锤炼会使得理论物理工作者思路简洁轻快，科研抽象能力提高，分析问题深刻。尤其是学习唐诗、宋词和练习写诗词可以使得我们的抽象思维和意象思维双重能力提高，融会贯通，有利于灵感的迸发。在这方面我自己就深有体会，十多年来，我坚持练习写诗，以至于科研抽象能力和概括能力有了明显提高。

爱因斯坦曾将科学和艺术的关系阐述为：“如果我们看到的和经历的东西是以逻辑的语言描绘的，我们就从事科学。”此句话从另一个侧面说出了文学语言功底对科研的影响。所以文学修养好的人，如爱因斯坦、薛定谔、华罗庚等，往往对科学有重大的贡献，又如我国东汉的张衡，既是文学家，又是科学家。

古人云：“天下之文，莫妙于言有尽而意无穷，其次则能言其意之所欲言。”对于科技论文也是这样，理论物理的成果应是“看上去是简单的但应用是广泛的，后续工作也会层出不穷的”。狄拉克的符号法就是言有尽而意无穷的典范。唐代诗人贾岛的诗“鸡声茅店月，人迹板桥霜”也是如此，因而能流传千古。我自己写的 18 部科研专著，都是“书不尽言，言不尽意”的，留给读者思考后续的空间很大。

科研成果未有不自慧生，而智慧的培养是多方面的，山之险珑而多趣，水之涟漪而多姿，花之生动而多致，此皆天地间慧根生成。文学修养的培养使得我们在理科方面的理解也随之深刻起来，不但使我们在表达研究成果时言切文佳，而且使我们更加有智慧。

唐诗里飘出的科技信息

在前面几篇文章中我分别就方法论和如何形成一个淡泊、宁静(近乎空灵)的心境,来阐述培养理论物理研究生的素质。这里我谈谈读中国古典诗词对培养研究生素质可能产生的影响。

一般认为,唐诗是触景生情、抒发情怀的作品。最近我见到一首唐诗却是谈科技的,题为《赋得数蓂》,为唐代元稹所作。元稹(779~831年),字微之,河南(今河南洛阳)人。德宗贞元中明经及第,复书判拔萃科,授校书郎。宪宗元和初,授左拾遗,升为监察御史。后得罪宦官,贬江陵士曹参军,转通州司马,调虢州长史。穆宗长庆初任膳部员外郎,转祠部郎中知制诰,迁中书舍人、翰林学士。为相三月,出为同州刺史,改浙东观察使。文宗和大中为尚书左丞,出为武昌节度使,卒于任所。与白居易倡导新乐府运动,所作乐府诗虽不及白氏乐府之尖锐深刻与通俗流畅,但在当时亦颇有影响,世称二人为“元白”。“曾经沧海难为水,除却巫山不是云”即他最脍炙人口的佳句。他的另一首名诗《行宫》:“寥落古行宫,宫花寂寞红。白头宫女在,闲坐说玄宗。”虽用字平淡,却深刻反映了唐朝的没落与宫女的悲哀。元稹的这首科技诗综合了天文学和植物学知识,记录如下:

试帖

尧时有草夹阶而生,每月朔日一荚生,至十五日而足,十六日一荚落,至晦而尽。月小,一荚厌而不落。

赋得数蓂

将课司天历,先观近砌蓂。
一旬开应月,五日数从星。
桂满丛初合,蟾亏影渐零。
辨时长有素,数闰或馀青。
坠叶推前事,新芽察未形。
尧年始今岁,方欲瑞千龄。

诗的意思是说:要研究天文历法,先观察砖缝中的蓂荚。据《竹书纪年·陶唐氏》记载，蓂荚为瑞草，也称瑞荚。传说尧帝阶下生蓂荚，随月生死，即每月朔日生一荚，至月半则生十五荚(桂满丛初合)。至十六日后，日落一荚，至月晦而尽(蟾亏影渐零)。若月小则余一荚。厌而不落，以是占日月之数。即此草不但能辨时而长，而且会根据闰年或平年表现出是否余青。这首诗不但对仗工整，语句华美，而且体现了古人的观察能力之强，联想能力之丰富。诗人元稹除了把科学与文学结合在一起外，还写出了哲理性很强的佳句"坠叶推前事，新芽察未形"，表明他熟谙因果律和见微知著的能力，使人想起他的另一首有关茶的诗。另外，从"尧年始今岁，方欲瑞千龄"我们还可以考证尧年的纪年。

了解到神州大地上曾经存在过如此瑞祥的神草，居然能精确地分辨大月与小月，我们除了追思向往，剩下的，就是为它如今的芳踪难觅而扼腕叹息了。

所以，我们欣赏唐诗不但要身临其境地享受诗中的清风明月，共情文人骚客的忧世愤俗，而且要体会古人的科学考察能力，这对于我们培养文理兼备的人才来说是一个很好的借鉴。

理论物理境界说

在前面几篇文章中我分别就方法论和如何形成一个淡泊、宁静(近乎空灵)的心境,来阐述培养理论物理研究生的素质。这里我探讨理论物理的境界说。

理论物理也有境界吗?读者也许要问,只听说中国的古典诗词有境界,怎么理论物理也有呢?诚然,中国唐诗宋词的一大特点是境界高雅、深邃、超逸,那么什么是境界呢?我的肤浅理解是人们在读、写文艺作品时个人的感受能力或顿悟可以达到的地方,或是指精神上所能享受到愉悦或共鸣的境地。一方面,诗词中事、情、景交融升华的艺术成就越高,则境界就越高,高手的文章则往往从“有我之境”到“无我之境”,即从“不知何者为我,何者为物”到“物我两忘”。我们在学习与写作理论物理论文时也有境界,它是我们对于论文的简洁性、质朴美以及潜在应用的感受能力之所及。当欣赏者自己能置身于内,并有所创新与发展时,那么境界就上升为意境。对于理论物理美感与简洁把握得越好,则境界就越高。英国物理学家狄拉克的论文是简洁与优美的和谐结合,又有广泛的实用意义,所以其境界就高。所谓“高举远慕,有遗世之意”,我们在读他的文章时,一开始不懂、生疏,到了解、掌握与欣赏的阶段,就开拓了我们的境界,就像读唐诗一样,从不会欣赏到会欣赏,也是一种境界提高的过程。当我们能发展狄拉克的若干前驱性工作并作出了令世人瞩目的新贡献时,境界就演变为意境,我们就从“有我之境”进入到了“无我之境”,完全陶醉在文章的优美谐调中。又如爱因斯坦等三人的《能认为量子力学的描述是完备的吗?》这一篇意境深远的文章,当我们发现不但有“坐标-动量”意义下的纠缠,还有“关联振幅-粒子数差”意义下的纠缠等时;当我们建立纠缠态表象,又发现两个特殊纠缠态表象之间的变换恰是汉克尔积分变换,其积分核是贝塞尔函数时,我们就进入了一个新境界。

另一方面,欣赏者本身的水平越高,则境界也越高。古人云:“从来天分低拙之人,如谈格调而不解风趣,何也?格调是空架子,有腔口易描;风趣专写性灵,非天才不办。”气质高、性情真实的人对理论物理的直觉也灵敏些,如爱因斯坦、狄拉克、费曼、朗道等。王国维说:“唯美之为物,不与吾人之利益相关系,而吾人观美时，亦不知有一己之利害。”又说：“个人之汲汲于争存者，绝无文学家之资格。”

理论物理的任务是用最简洁漂亮的数学语言描写自然规律，它不只是一幅好画、一首好诗，而且具有深沉旷荡的宇宙意识，所以它的境界是无限的。人们在追求它的时候，物理学家的“心”与“自然”有相感的一种作用，所以，其境界也是不断上升的。境界兼包神韵和灵性，判断一个理论物理研究生素质的高低，可以从其灵气来判断。

艺术风格有难有易，简易不是平庸与浮浅，简易是指艺术最后的成就的概括，古今中外，好的艺术作品因简单而深刻，流芳百世，但要达到简易，必先经历磨难与锤炼。意境深远的理论物理作品看上去是水到渠成、不露雕琢痕迹的，似乎是信手拈来、不假思索的。如狄拉克的描写电子的方程，笔者创造的符号法中的有序算符内的积分理论等。

理论物理学家能达到的境界与其本人的品质修养有密切的关系。王国维在《人间词话》中曾写道：“屈原、陶潜、杜甫、苏轼等大诗人‘苟无文学之天才，其人格亦自足千古’，这与孔子所说的‘一个人立身行事要有羞耻之心’、顾炎武说的‘读书人不先谈羞耻之心，那就是没有根本的人’是一致的。”王国维又说：“文天祥的词‘风骨甚高，亦有境界’说明‘人格’在‘境界’之上。”同样，爱因斯坦称赞居里夫人人格的次数多于颂扬她的学术成就的次数。

对于“境界”我们要能自然“出入”。就像诗人对宇宙人生，需入乎其内，又需出乎其外。入乎其内，故能写之；出乎其外，故能观之。入乎其内，故有生气；出乎其外，故有高致。理论物理学的学生要有一些诗人的气质和旷达的胸怀，富有想象力，想象力比仅仅掌握一些知识更为重要。

理论物理学的学生如何提高意境呢？他们需经“作品的锻炼”与“直觉的创作”。在创作过程中：避免不精确与平庸俗滥；学习先贤，常省科学家的良心与良知；多读大家的作品与传记；阅读与欣赏优秀文学作品。

理论物理研究生如何把握简单性美

在《心静——理论物理研究生的涵养》一文中我曾从方法论和形成一个淡泊、宁静(近乎空灵)的心境的必要性的角度阐述了培养理论物理研究生的优良素质的途径。后来我又阐述了理论物理的意境。在这篇文章中我想谈一谈理论物理研究生如何把握与探索物理理论中的简单性美。因为这是该专业研究生应具备的基本素质之一。这是什么道理呢?

因为首先相信自然规律的简洁与优美,并追求用简洁的数学公式去描写它,是物理学家创造活动的动机与动力,也是研究工作的魅力所在。李政道先生曾在全国的量子场论讲演中说:“重要的物理问题往往是简单的。”麦克斯韦引入了位移电流项,把整个电磁学纳入 4 个基本方程中,哈密顿把牛顿力学上升为分析力学,以及爱因斯坦的质能关系方程等都是简洁物理问题的典范。

人们最终接受形式最简单但解释物理现象却很丰富的理论。卢瑟福曾不无风趣地说:“一个好的物理理论,即使是讲给餐厅里的女招待员听,她也能懂得。”这使人想起唐朝诗人白居易每写一首好诗,就要念给文化程度不高的农夫、老婆婆去听。

唯有简单性美,才蕴涵深刻与抽象,才有放之四海而皆准的可能。

其实,即便从文学角度来讲,我国古代文人也强调文章的简洁,认为:“辞章虽富,如朝霞晚照,徒焜耀人耳目。文理虽深,如空谷寻声,靡所底止,非为实学也。”

从认知的规律来分析,认识一件事物,学习一门知识,一开始似乎总是很难,但逐渐就会豁然开朗,有种“柳暗花明又一村”的感觉。因为当你有了许多基本知识作铺垫,见多识广,认识水平提高了,就能把一个复杂的问题简单化,这也是一个“教”与“学”的必然过程,好的学生或优秀的教师必然能以简洁的语言深刻阐述学和教的知识。

那么什么是物理理论的简单性呢?爱因斯坦曾说:“……我却永远不会说我真正懂得了自然规律的简单性所包含的意思。”这大概是由于简洁的物理公式比人还聪明吧。不过，就我浅薄的理解，它是基本规律自洽性明显化的呈现，是适合于思维方式的捷径，是灵感思维、形象思维与抽象思维的交叉点。在某种意义下是美学的同义词，是普适性的反映。

简单与美往往是一个好的理论的两个方面。狄拉克曾经说："研究人员以数学形式表达自然基本规律时应该努力做到数学优美，他应该把数学的简洁放在优美的从属地位。简洁与优美的要求往往是同时发生的，但是在它们不调和的地方，应该首先考虑后者。"这使人想起欣赏唐诗常常有仁者见仁、智者见智的感觉，不同环境的人念唐诗常有不同的感慨与共鸣。尽管唐诗的字数不多、形式简单，但其内容往往比散文还丰富，其思想往往比议论文还深刻，因此能做到家喻户晓、千年流传。

要做到简单，看似容易，要实现它却需要高明的抽象功夫与睿智的洞察力。例如，狄拉克发明"量子力学的符号法表述"花了一年工夫。我自己发展"Weyl对应与Wigner算符理论"，发现"Wigner算符的Weyl编序形式是狄拉克的δ函数"，也断断续续地用了十年时间。这是一个很容易记住的公式，因为它简洁，故很有用，现在的文献中称之为关于Wigner算符的范氏公式。而外尔(Weyl)是希尔伯特(Hilbert)的学生，被狄拉克称为"不能理解"的科学家。1929年威斯康逊报的一名记者在采访狄拉克时问道："人们说您和爱因斯坦是世界上仅有的两位天分很高而又能互相了解的人，我不会问您这是否真实，因为我知道您太谦虚而不肯承认。但是我想知道——您是否曾经遇到过一个人，对于他，就是您也不能够理解?"对此问题，狄拉克的回答就是外尔。我的科研工作能发展外尔理论，这是我坚持简单性的科研精神的结果。

到这里，我想起了清代文人何绍基的对联"物不求余随处足，事如能省此心情"，当我们能用简洁的方法或语言来阐述物理时，心情是多么阳光！马赫说："科学的方法是最大限度地使思维活跃，花费尽可能最少的思维对事实做出尽可能最完善的陈述。"我又想起物理学家赫兹(Hertz)，他十分重视数学符号在物理理论教学与科研中的重要性，他认为符号对于人有相对的独立性——"它比使用它的人聪明"。

那么怎样培养对简单性美的鉴赏力呢？简单生活；保持情真意切的率直本性；保持科学家的良心与良知；读唐诗；常以艺术探理趣，文章至简方自然。

量子力学算符排序的形式美

前文说到的简单性美往往与形式美相应,数学的形式美有时可以促成物理上的新发现,如为了说明介质电容器中无传导电流却仍然产生磁场的效应,麦克斯韦引入了位移电流项作为补救,从而建立了麦克斯韦方程组,预言了电磁波。后来,狄拉克把磁单极项引入麦克斯韦方程组以使得方程组有更完美的电-磁对称,可惜磁单极迄今尚未发现,可见美有时是含蓄的并带有神秘性。

我在研究中发现量子力学算符排序的形式美是值得花力气去寻找的。量子力学的基本算符,如坐标和动量是不对易的,玻色子的产生算符和湮灭算符也不对易。一个算符函数以其内部基本算符的不同排序规则而表现出不同的形式:以某种方式排就简洁好看,就能用某个特殊函数来表示;而用另一种排序则不好看,正如苏轼的《观庐山》诗云:“横看成岭侧成峰,远近高低各不同。不识庐山真面目,只缘身在此山中。”量子光场的密度算符就需要从多种排序的方式去观察,才能了解其性能。

用有序算符内的积分技术,我首先发现:当坐标表象用正规乘积排序,就表现出正态分布。这使我对表象的认识深入了一步,进而可以看到量子力学的概率假设与数理统计的随机变量的分布函数相应。反过来,构建新的正态分布函数就有望发现新的量子力学表象。

又如,有的新量子光场在某种排序下才呈现出特殊函数面貌,才能被认定是一个新光场并有新的统计规律可循。

同一个算符函数其各种排序形式的相互转化孕育着很多新的漂亮公式,当进一步把它们映射到普通函数时,就会发现新的特殊函数之间的关系。此外,在同一排序形式下来探讨不同算符函数之间的关系可以发现新的积分变换。

量子力学算符排序的形式美只有靠物理学家才能去发现,所以我们物理学工作者任重而道远。

谈理论物理学家的直觉

综观物理历史，可以看到物理问题解法的产生常常表现为直觉或顿悟，从思维活动的角度看也是如此。物理直觉就是对物理对象内在的和谐与关系的直接洞察。爱因斯坦是驾驭物理直觉的高手，他发现的相对论就充分体现了其直觉性。常常在长时间反复考虑一个问题但一筹莫展之后，突然一个巧妙的想法像一道闪电掠过，人们就看到了迢迢银河，正所谓“疑窦初起朦胧月，灵感欲来星雨流”。物理学家的直觉产生于长期的思维习惯，这使得其感官直觉转移到完全抽象的对象上，表现为对抽象的物理对象的一种“非同寻常的洞察力”。尽管巧妙的想法可能会不期而至，会任意性地、出乎意料地闪现在我们面前，正所谓“一伏书案眉上锁，千虑游思脑蹦弦。不是电脑屏上生，却于月夜梦中现”，但往往是姗姗来迟，而有时干脆就让我们“守株待兔”。

作为“对物理对象的直接领悟和洞察”，物理直觉是一种不包含普通逻辑推理过程的直接悟性。例如，海森伯悟出的矩阵力学，德布罗意悟出的波粒二象性。这种“非逻辑性”事实上就是物理直觉的最主要特性（由于物理直觉往往借助于抽象的数学结构及其关系，因此，我们在此所强调的就是直觉与逻辑的区别，而不是理性分析与感性直观的区别），直觉是大发明的工具。逻辑则能给我们以可靠性，它是证明的工具。

物理直觉不是通常意义下的物理的感性知觉，为直觉所指引的物理学家不是以步步为营的方式前进的，而是包含了综合与飞跃，给人以“柳暗花明又一村”的感觉。直觉的某些细节甚至可能是模糊的，但是它却清楚地反映了事物的本质或问题的关键。如果某人习惯在较深的层次上进行思想组合，那么直觉就垂青于他；相反，如果思想组合局限于在较浅的层次上工作，他就会受制于逻辑。

没有直觉，年轻人在理解物理学时就较肤浅，也培养不了应用物理的能力，他们就不可能热爱物理，尤其是，没有直觉，他们从中看到的只是推理的争论；而对于有创造性的科学家来说，它更是须臾不可或缺的。关于物理学之美及纯粹物理学的重要性也是依靠含糊的直觉来调整的。诚然，直觉从一开始就带有猜测性，包括对整个理论有一幅整体性的分析概括的图像，但是直觉的认识在没得到证明前不能被认为是完全可靠的。

物理直觉包括审美直觉、关联直觉、辨伪直觉等。物理学家往往根据科学的美感来选择自己的研究方向，而且，物理学家又常常依据美感对理论的意义作出判断、关联与辨伪，以对物理学美的自觉追求作为物理研究的指导性原则，以酝酿直觉。

那么怎样才能有效地培养或发展物理直觉的能力呢？“行研鬼索魂，释疑神闪灵”，直觉往往是潜意识的长期酝酿后而猛然涌现的，如白居易的《琵琶行》中的两句诗：“银瓶乍破水浆迸，铁骑突出刀枪鸣。”直觉的把握往往是借助于心理图像进行的，所以除了应当注意逻辑思维与直觉能力的辩证关系外，年轻人应当开拓思想，学会猜想，注意培养对物理学美的鉴赏能力，除去对物理学美的直接欣赏以外，还应努力提高自己的艺术修养。虽然音乐、绘画和文学不会给物理学习与研究以直接的帮助，但可以拓展我们的文化视野，丰富我们的想象力，提高我们的审美情趣，所谓“作诗的功夫在诗外”。年轻人还应当扩充自己的知识面，物理直觉（悟）自发而来的机会就会增加。让我以一首诗来结束本文：

书从苦读翻作悟，家遗天智沾几分。
功夫到处书味浓，意气平时学问深。
思至随心始见才，算成所欲方显真。
梦境昨晚灵感现，焉知今晨残念存？

理论物理与诗

善于抽象思维的物理大师狄拉克曾对另一著名物理学家奥本海默(Oppenheimer)说:“我听说你写诗就像你研究物理那样出色。你是用什么法子将两者结合起来的?要知道,在科学上大家都尽力使人们把过去不明白的事情弄清楚,而在诗里,情况恰恰相反。”

我没有看到有关奥本海默如何回答这一问题的资料。但是从我自己学习写诗的体会与研究理论物理的经验来看,每个物理理论就是对自然界的一首赞美诗。当唐代诗人张若虚在钱塘江边观潮的时候,那一排排白练铺天盖地奔向杭州湾,使他诗兴大发,写下《春江花月夜》的著名诗篇,可是他不会想到这是由于月亮对地球的引力所造成的周期性潮汐运动。而万有引力理论就是对潮汐运动的另一形式的赞美诗。牛顿的万有引力公式是何等简洁啊!所以说:

物理理论也是诗,一样佳妙君应知。
悟出此中真义在,便是学问精湛时。

诗人与理论物理学家具有一些共同的东西。他们都富有想象力,是浪漫的,有时甚至是幻想式的。他们的创造都是一定灵感的结晶。爱因斯坦曾说:“想象力是科学的实在因素。”诗人一样的美感同样可以在理论物理中深刻地体现出来,它代表了自然界的和谐、对称与数学定理的合拍。诗,如陶渊明的诗,简明而含蓄,意境深远;好的物理理论也看似简明,而内容深刻,在一定范围内包罗万象。如果说诗人主要用的是形象思维,善于触景生情,有感而发,那么理论物理学家都注重抽象思维,善于在实验物理的基础上发现新观念。当诗人灵感迸发时,他似乎有特异功能,可以与自然界,包括有生命的鸟儿、无生命的花草树木和山石云雾交流。而理论物理学家一直用自己的直觉聆听自然搏动的音韵与脉息。所以我想奥本海默能把物理研究与作诗协调起来是不奇怪的。

有的诗论指出,诗的奥妙体现在意向与意境上,后者由前者经过联想与想象构成。在我自己学习写诗的过程中,我注意把形象思维与抽象思维相结合。诗不应该是大白话,给人一读此诗即此意的感觉;也不应该写得很晦涩,作者应该给予一定的抽象,而且抽象得恰到好处,使人读起来有仁者见仁、智者见智、余兴未尽、值得玩味的感觉,从而富有生活气息或哲理。例如,我在四川乐山看大佛时,曾写下的“登上攀下观光客,如来掌中孙悟空”就既有形象思维,又蕴含着抽象思维;又如,我坐船过长江葛洲坝水闸时,发现人坐在船上随船升降没有如乘电梯那样的失重或超重感,船的浮沉吃水线在上、下水面是一样的,就写了“船歇江闸里,客随乘水梯。升降浑无觉,浮沉亦不计”。这里把形象感觉也作了一定的抽象。我还把在黄昏时散步的感觉抽象为“步远量思绪,暮迟失景深”(“景深”一词取于摄影物理术语),把参加晨练的中老年教师的趣意盎然抽象比拟为“垂柳方眠觉,空竹润露新。松佛迟暮性,鸟嬉返童心”。这些抽象功夫,大概是得益于我多年来研究理论物理养成的思维习惯吧,就像我每篇学术论文都有新思想或新概念或新方法那样,我也力争在每首诗作中体现一种新的意境。在科研上努力从平凡中发现不平凡、从常识中掘取非常识的我,在作诗时也寻求新的平淡,意欲从似乎是没有诗意的地方写出令人回味的诗来,所谓“诗作养心人双收,理趣伴枕客独眠”。

最后我要指出,就中国的诗而言,狄拉克的看法“诗是把明白的事情说模糊”是一种曲解。诗是巧妙的言犹未尽,意味深长,助人遐想,仁者见仁,智者见智。如以下的《秋景》三首:

(一)

一阵雨丝一层凉,离人几家在他乡。
黄叶紧向树根落,秋风何必卷它扬。

(二)

促织声断人迷茫,雨丝似泪沾眼眶。
若有所思却无念,出门方知添衣裳。

(三)

秋来万木缘风霜,偷生晚岁嫌梦长。
所见虽有菓结树,难免忧思潜心房。

这里把秋景包括人的感觉以隐喻的方式说明白了。

论理论物理创新灵感

看理论物理研究生的博士论文，有彩头之处是能让人欣赏到创新思维、新概念或新方法，最好是能看到“异军突起”“另辟蹊径”的东西，整篇论文洋溢着清新。创新来源于灵感，非才、学、识三者兼备不能孕育，而才为首要，学是补充与积累，识是判断。灵感是一种动念，是一种意识流，是脑子里的一闪念(闪的时间为多少应该是一个生物物理的难题)。闪的时候虽然清晰，但不要说找它的来龙去脉，就连找到一个思想过程都困难。即使是马上找笔记下来，在纸上写下的不是摘要就是已经重新组织过的东西。一连串蛛丝马迹形成的思想是飘忽神游的，它们稍纵即逝。我曾有诗叹曰：

感悟悠悠复疏疏，游在脑海眼前无。
似与思者捉迷藏，一绪闪过梦醒处。

南宋著名诗人杨万里也曾写过一首诗描写他作诗的灵感之来去无影以及随之而来的喜怒哀乐：

野践得幽咏，不吐聊自味。
健步忽传呼，云有远书至。
开缄秪暄凉，此外无一事。
奇怀坐消泯，追省宁复记？
方欢遽成闷，俗物真败意。
山鹊下虚庭，对语含喜气。
一笑起振衣，吾心本无滞。

此诗的意思是：

在村野中漫步，触景生情，在脑海中已咏成一首诗(幽咏)，尚未有笔砚纸写出来(不吐)，在聊以自娱(自味)的当口，忽有传信者(健步)呼，说有远方的书信到，开信后一看，不过是写信人的寒暄而已，而方才的“幽咏”思绪却荡然无存，怎么也回忆不起来了，正是扫兴郁闷。然后看到喜鹊对语，才“破涕为笑”，振振自己的衣服，宽慰自己吧，不必为失去的诗而心滞，因为我杨万里本来就是开朗的人。

杨万里的这个故事告诉我们："作诗火急追亡逋，清景一失后难摹。"就是说做学问时要全神贯注，不受干扰，凡境为止一空，才能孕育灵感。我因此感慨而作诗两首：

（一）

独处陋室非坐禅，瞌来偶作一小眠。
行研时或得真谛，做梦难得晤古贤。
自小强勉费思猜，渐老自然多灵感。
闻说醉酒享快乐，心有余悸未敢沾。

（二）

科研无时不劳神，叶公好龙谁相问。
雨打败荷催蛙鸣，水滴玻璃垂泪痕。
灵思每从平易求，闲情只在吟诗生。
处静欲听时流淌，且将撞钟应黄昏。

我经常看到一些研究生读书时，书摊在桌子上，手机却响个不停，不禁要问他们如何运作心灵，也不禁要担心他们的创新思绪会不会因此而被扼杀了。

博士论文的命题

博士读了2～3年后，有若干篇围绕一个主题的文章在SCI杂志上发表，就可以撰写博士论文了。那么给它命个什么题目呢？从构思题目上来说，要注意两点：一是如何提炼主题，二是如何表现主题。常常看到博士研究生在写毕业论文时不能成竹在胸，意在笔先，结果往往是论题不能简要确切地反映内容，所命题目与内容脱节。究其原因，或是博士研究生的论文还没有精彩处，故而难以凝练出精辟的句子来一语中的，或是博士研究生的语言表达能力差，不会概括抽象，缺乏综合能力。这样就会严重影响博士论文的质量。

要提高综合能力，必须先提高分析能力。分析与综合是相辅相成、相互渗透的。为了有效地提高分析能力，我教学生们学一学明清八股文的破题法。破题者，破明题目也。古人总结有分破、捴破、顺破、倒破、正破、反破、明破、暗破八法。要点不外是破题面与破题意两诀。例如，题目是"学而时习之"，可破为"纯心于学者，无时而不习也"。上句破"学"，下句破"时习"，这是分破法，也是明破、顺破。同一个题目也可破为"学务时敏（题面），其功已专也（题意）"，这里暗破了"习"字，也为捴破法。如果题目改为"学而时习之，不亦说（悦）乎"（有两句了），则其题面和题意与上题就有区别了。可以正破为"说（悦）因学而生，唯时习者能之也"，这是清嘉庆举人高凤台的正破；而清同治进士陈康琪则反破此题为："为学而惮其苦，圣人以'时习'诱之焉。"可见破题可以在认清题意的基础上从不同的角度出发，角度不同，或侧重面不同，论文的立意也要相应地变通，从而给写文章的人有体现创新的天地。

我又进一步告诉研究生们，破题的各种训练对于发现问题与提出科学问题也是十分有用的。例如，分析光学图像相当于破题，用傅里叶（Fourier）变换处理就相当于捴破法，因为傅里叶变换是用平面波展开的，而平面波是长波。如果改用分破法，那就相当于对光学图像作小波变换，这也许是20世纪70～80年代人们发明小波变换的动机吧。

学会了破题的分析方法，就可以加强综合能力的训练了。在有了成果的前提下，写好一篇科技论文的最难之处，就是命题和写摘要。初学者可尝试先对每一章(节)局部命好小题,再综合各章的内容考虑整体命好主题,命题不是单纯地勾画轮廓,而是凝练精髓、有机组合、内洽逻辑和简练语言的功夫之集成,因而是很辛苦的脑力劳动。我写过八百多篇论文,每篇论文的题目和摘要都要经过反复修改,十分辛苦。提炼好了主题之后,还要善于表现主题,有时睡过一觉,觉得另一种叙述方式更好,就欣然重写。重写的过程中,往往会另有心得。

理论物理研究生需克服的陋习

自从1993年被国务院学位办评为博士生导师以来我带过几十个研究生，他们在毕业时都完成了学业，发表了较好而连贯的论文。现在我总结指导他们学研的成功经验，体会到这主要是通过纠正他们初期在读书和看文献方面的陋习，才使他们走上正轨的。研究生在初期治学上往往有五个陋习，分举如下：

1. 泛泛而读文献，既无明确目标，也无痛切心得。在浩如烟海的文献堆里，无所择，好像是看了很多，其实并不"博"。读得多并不见得"博"，如果读了一肚子不合时宜，更谈不上得到精要。

2. 知识水准不高，却不注意训练基本功，好高骛远，眼高手低。殊不知，千里之行，始于足下，倘若看到具体烦琐的计算，就退缩而不敢下笔，那怎么可能在理论物理上有可观之贡献，占一席之地呢?

3. 着手一个课题后，遇到困难而不会调整、提高自己的知识结构超越之，不能左右逢源，自始至终。于是屡屡更改初衷，劳而无功。

4. 看到别人搞一个课题热门，疾而趋从之，随相关文献亦步亦趋，迷失自己明确方向，欲速则不达。

5. 读文献除了看不懂其推导认为是自己的问题以外，就提不出任何合理的质疑，也不会带着问题去寻读文献，不会交替使用分析和综合，思维处于定式，换言之是不会科学思考。

我对那些研究生说，期望他们的研究成果有真正的科学价值，则"无望其速成，无诱于势利"，而应"养其根而俟其实，加其膏而希其光。根之茂者其实遂，膏之沃者其光晔"。

要防止古人所说的学者四失：人之学也，或失则多，或失则寡，或失则易，或失则止。

那么为何会产生这些陋习呢？除缺乏科研经验外，还需从搞科研的动机处找原因。居里夫人在谈到自己在科研中为何如此刻苦时说：

"我一直沉醉于世界的优美之中，我所热爱的科学，也不断增加它崭新的远景。我认定科学本身就具有伟大的美。一位从事研究工作的科学家,不仅是一个技术人员,并且他也是一个小孩,在大自然的景色中,好像迷醉于神话故事一般。这种魅力,是使我终生能够在实验室里埋头工作的主要因素。”

而爱因斯坦曾在普朗克60岁生日庆祝会上谈到探索的动机:

“在科学的庙堂里有许多房舍,住在里面的人真是各式各样,而引导他们到那里去的动机也各不相同。有许多人之所以爱好科学,是因为科学给他们以超乎常人的智力上的快感,科学是他们自己的特殊娱乐,他们在这种娱乐中寻求生动活泼的经验和雄心壮志的满足;在这座庙堂里,另外还有许多人之所以把他们的脑力产物奉献在祭坛上,为的是纯粹功利的目的。如果上帝有位天使跑来把所有属于这两类的人都赶出庙堂,那么聚集在这里的人就会大为减少,但是,仍然还有一些人留在里面,其中有古人,也有今人。我们的普朗克就是其中之一,这也就是我们爱戴他的原因。”

每一个有机会搞科研的研究生,难道不应该扪心自问离居里夫人和普朗克的境界有多远吗?

正确的探索动机、先天的才智、后天的环境与坚强的志趣,这四个要求都具备了,就能克服材料偏而不全、研究虚而不实、方法疏而不精、结论乱而不序的陋习,从而学有所成。

我有诗赠予学生:

问君怎育数理才,莫陷书卷空徘徊。
葵脸自向日头转,不似柳叶随风裁。

理论物理学家的隐喻

隐喻既是人类的一种思维活动，也是一种语言表述，长期以来被广泛地应用于文学创作和思想交流中，如“桥影虚园空，水痕淡人情”“天河断情桥，皎月离愁灯”，而科学家们则将它用于探索和创新。隐喻的主要功能是使我们能由此及彼、由表及里地联想，前因后果地关联，举一反三地多方位思索，如电影中的蒙太奇手法，适时地切换意象，以达到新的境界。尤其是对于理论物理学家，隐喻是作出重大发现的有效思维模式。

例如，关于德布罗意提出物质波粒二象性公式（电子既是粒子又是波），有这么一个有趣的故事：一天，德布罗意无意中看到学物理的哥哥忘在家中的一份关于“光量子理论”的学术会议记录，他读到了一位叫爱因斯坦的人提出的“光既是波也是粒子”的光量子理论。他想：“不难理解光是波，比如雨后七色彩虹的形成是由于各色光的波长不一样，它们遇到水珠后产生的折射率也不相同，使原本混在一起的各色光产生干涉。然而将光看作是粒子，这太让人难理解了。看来要想了解其中的奥秘，只有再上大学，去学物理！”他于是拜朗之万(Langevin)为师，用功起来。由于德布罗意年轻时参加过第一次世界大战，曾在一个气象观测队里服役，因此他每日都盯着天气……不久，他觉得要了解天气莫过于观察青蛙，战争时他一直和青蛙生活在一起，正是青蛙跳水时的波纹提示了电子的波动性。

再如，在巴丁(Bardeen)、库珀(Cooper)和施里弗(Schrieffer)攻克超导理论的进程中，库珀首先研究了费米(Fermi)面外围两个具有反方向自旋的电子之间的净作用力表现为吸引力的课题，并首告成功。库珀感到非常兴奋，而巴丁坚持认为库珀的解决办法是不完善的。因为他们尚不清楚如何从单个的“库珀对”发展出一个完全的多电子理论。施里弗回忆道：“我们尝试了许多办法，但是依旧没有进展。”一个主要的障碍是同时对付多个电子对，而大多数的电子对是重叠在一起的。即便是对这种情况下定义，也变得很困难。

一年后，施里弗找到了一个办法，即通过使用很多对夫妇在拥挤的舞池中跳扭摆舞这个例子来描述这个问题。扭摆舞在20世纪50年代很流行，参与其中的数对夫妇都分开而同他人跳舞，但是两人之间通过手拉手连在一起，即便彼此之间会隔有其他的舞者。问题在于如何以数学的方式来表述这种情况。施里弗记得巴丁说过："这对于我们来说非常困惑，这种情况处于一个动量空间。你不应该过多考虑坐标空间。如果你用正确的语言来看待它的话，就没有那么困惑了。"经过努力，施里弗终于找到了超导体的基态波函数。施里弗巧比电子对跳扭摆舞就是一种隐喻。

又如，玻恩的物质概率波与流感的比拟。玻恩在20世纪20年代使哥廷根大学成为了量子力学中心，他为薛定谔的公式找到了一种新的解释：在空间任何一个点上的波动强度（数学上通过波函数的平方来表达）是在这一点碰到粒子的概率的大小。据此，物质波有点类似流感。假如流感波及一座城市，这就意味着：这座城市里的人患流行性感冒的概率增大了。波动描述的是患病的统计图样，而非流感病原体自身。物质波以同样的方式描述的仅仅是概率的统计图样，而非粒子自身数量。

又再如，对称性的"自发破缺"是比较难以理解的物理概念。萨拉姆(Salam)举了下面的例子：

> 假设邀请人们坐在一个圆桌上吃饭，每个人的餐具旁是一盘色拉，它放在主菜盘之间。如果你不懂得就餐的规矩，你就不知道你盘子左边的色拉还是右边的是属于你的——这是对称的。然而，如果有一位客人拿了他右边的色拉，于是其他的人就必须照样做。左右对称性就"自发破缺"了。

可见，隐喻既可帮助理解物理，又可使人产生想象力，有其独到的效果。

值得指出的是，文学家的隐喻也可为物理学家所用。例如，李商隐的"心有灵犀一点通"可以描写两个纠缠体之间的魔幻般的关联。又如，南唐李后主（李煜）曾写过"剪不断，理还乱"，本意是形容离愁，我将它用于描写量子力学中的量子纠缠态，并首先导出了纠缠态表象，为理解爱因斯坦的量子纠缠思想提供了新思路。

论理论物理学家的胆怯

物理学家是很严肃的，讨厌江湖骗子与夸夸其谈的行为。戴森(Dyson)曾说过："一个好的科学家在面对重大发现时所做的第一件事就是尝试证明它错了。"例如，普朗克曾花了15年时间来反思他的能量量子化理论。因此，负责任的物理学家十分辛苦，既习惯于自找苦吃，又对科学真理抱着敬畏，如同人们敬畏天上的星空，这就造成了他们在探索进程中的胆怯。一个有创新精神、埋头苦干的研究生往往也免不了受这种胆怯的"洗礼"，他们常常会扪心自问：我研究的东西到底有无价值？结果究竟对不对？有没有别的方法验证它？

大物理学家狄拉克曾说："你们认为一个好的研究人员会十分平静地、冷漠地、完全以逻辑思维考察他的科研情况，并且完全以理性的方式来发展他的想法吗？事实上并非如此，研究人员也是人，如果说他怀着巨大的希望，他也有所胆怯(这并不是说一个人没有胆怯伴随就不可能有很大的愿望)。"1928年，狄拉克发表了关于电子的相对论方程，事实上暗示了正电子的存在，但是当时他并没有发表这样的观点。几十年后，当有人问到他为什么当时没有预言正电子时，他以言简意赅的方式回答："纯粹是因为胆小"。

狄拉克在其他场合又谈到了大物理学家海森伯的胆怯："量子力学从海森伯的光辉思想开始。他的思想是人们应该设法用实验提供的量建立一个理论……他把与原子光谱有关的各种实验所提供的数据放在一起，引向了用矩阵代表在原子研究中出现的物理量的方案。从这个想法出发，海森伯走得非常远，发觉他的物理量不满足乘法对易法则。现在，当海森伯注意到这一点时，他着实胆怯了，这是如此陌生的一个想法，不能想象两个量相乘次序不同而结果不同，这严重地扰乱了海森伯，他害怕这成为他理论中的一个基本污点。"

狄拉克接着说："在海森伯的第一篇文章发表前不久，我收到了它的复印本，我研究了它一两个星期。我看到非对易关系确实是海森伯新理论的主要特征，这确实比海森伯用与实验结果紧密联系的量来建立理论的想法来得重要。所以我被引向关注非对易量的想法，并研究怎样修正那时候人们已经常用的经典动力学以包容这个想法。"

“在那个阶段，你们看，我比海森伯的优越之处是我不懂得胆怯，我不畏惧海森伯的理论会崩溃，这只会影响到海森伯而不会影响到我，这不会意味着我不得不从头开始。我认为这是一个一般规则，即一个想法的创始人不是去发展这一想法的最合适人选，因为他临事而惧，以致阻止他用一个纯超脱的方法来观察问题，而原本他是应该用这方法来处理问题的。我还有一些其他的长处：那时我是一名研究生，除了研究外，没有别的义务。好在我生逢其时，年长或年轻几岁都会使我失去机会……”

狄拉克的这番话道出了每个严肃的理论物理学家的心声，也体现了年轻人“初生牛犊不怕虎”的优势。我自己在年轻时也有胆怯的经历，当我第一次发明用“有序算符内的积分技术”[the technique of integration within an ordered product (IWOP) of operators]对 ket-bra 型投影算符实现积分运算并直接得到其显式时，我简直不敢相信这是对的，因为这结果太美了。我把这成果反复核实了一年以后才写成论文寄出去发表。而现在的我，每做出一件像样的工作，都要用两种以上的方法去验证，甚至在论文接受发表后清样时，对关键之处也还要再推导一遍。搞科研近 40 年，这种胆怯的心情时时陪伴着我。

可是，局外人往往不理解科学家的胆怯。例如，美国文学家马克·吐温(Mark Twain)曾说：“科学真是迷人，根据一些事实，加上一点猜想，就可以获得那么多成果。”他哪里知道，我们有多少思索是幻影，多少计算成泡影呢！欧阳修所说的“后生可畏”应该成为我们这些博士生导师的座右铭，我们写的文章不要作为后人的笑柄，不要令人喷饭。孔夫子说人要有羞耻心，我们在写论文时需“些须做得工夫处，莫损心头一寸天”。

明清八股文对理论物理研究生写推理论文的启示

撰写理论物理论文，应把背景、动机、构思、计算、逻辑推理到物理结论的形成过程都清晰地表达出来。而不少研究生在把握文脉时却无条理，或是结构松散，或是因果不明，这是为什么呢？

清代著名学者袁枚的一个朋友曾对他当面评价某人诗册，曰："诗虽工，气脉不贯。其人殆不能时文者耶？"时文即八股文所谓。袁枚就反驳说："古代的韩愈、柳宗元、欧阳修、苏东坡都不是写八股文的，为何他们的诗都很通畅连贯呢？"他的朋友解释说："韩愈、柳宗元、欧阳修、苏东坡所作的策论应试之文，就是八股文。若是从未受写这类文章的训练，就会脉络不清，文思不敏。"这番话说得袁枚心悦诚服。研究生在写作时的气脉不贯，就是缺少类似于写八股文那种文体的训练。散文家朱自清先生曾说："中国人虽然需要现代化，但是中国人的现代化得先知道自己才行；而要知道自己还得借经于文言和古书。"

影响一篇科技论文质量的因素是多方面的。我想明清时期八股文可以提供很多有益的借鉴。我国历史上很多文豪、学者、志士仁人、革命家都受过写八股文的训练，写得一手好八股文，有的还成为传世名作。

抛开封建时代八股文和唯八股取士的弊病不谈，那么古代八股文对我们的研究生写好科研论文有何借鉴呢？

诚然，拘泥于八股文的教条不利于发挥研究生在写科研论文时的创新思维。然而八股文的结构（破题、承题、起讲、入题、起股、出题、中股、后股、束股、收结），即各部分暗含的逻辑，却又相互贯通。八股文的精华是创新与逻辑。一次考试，同一个题目（且不论题目是否有意义），必须有创意，不落俗套，逻辑紧扣，层次分明，有秩有序的文章才能入围。八股文第一强调的是破题，即给出中心思想，十分相似于理论物理论文写作的动机。八股文的破题，有正破、反破、截破，相当于正向思维与逆向思维。八股文也重视起、承、转、合的因果关系，可比拟于理论物理论文的推理与推导。好的八股文在思想观点上有创新，见识独到。如我的老乡，浙江人陈康祺，乃清同治年间进士，在题为"学而时习之"

的八股文中写道:“人一日不食苦在饥,人一日不学苦在愚。”提倡“马足车尘皆记问”。而对于同一题目,清康熙年间李光地认为学习是为了恢复人的天性,别有见地。八股文的形式简洁,有排比(对称),有美感,这符合一篇优秀理论物理论文的追求目标。孙中山曾说八股文:“虽所试科目不合时用,制度则昭若日月。”

总之,八股文的写作规则能有效地训练研究生的逻辑思维能力,建议他们有空读上几篇,琢磨琢磨,是会有意想不到的收获的。另一位清代著名学者俞樾曾为其儿孙辈编写启蒙八股文,认为教初学作文,不外“清醒”二字,一篇之意,反正相生,一丝不乱,斯之为“清”。撰写理论物理论文自始至终保持条理清晰并非易事,我愿与年轻的研究生们共勉。

理论物理研究生的快乐心态

能从事理论物理研究的人是矢志献身于科学的高尚的人，他们中的成功者，获得了很高名望。例如，爱因斯坦受到人们的普遍敬仰，有一次他访问英国，住在一位爵士家，爵士的女儿看见他时既惊喜又激动，居然昏了过去。但爱因斯坦总是很淡泊，他有很好的心态。

可是我们常常看到不少研究生整日里愁眉苦脸，在 2～3 年里还做不出 SCI 论文，于是萌生理论物理枯燥无味的念头。这里用得着麦克斯韦的一段话："如果我们能够广泛地发展自己科学方面的特长，那么运用这些特长去发现自然界的科学法则，致力于理论的实践时，就不会感到枯燥无味了。它会成为我们一贯追求的、快乐的真正源泉，以致后来连我们的一些偶然的念头，也都会纳入科学的轨道。"许多人的失败难道不是因为他们所向往的是猎取名望，而不是纯真地追求知识以及因获得知识而使心灵得到满足的快乐吗？

麦克斯韦又指出："物理学方面的研究不断向我们揭示自然界运作过程的新的特点，因此我们不得不寻找适合这些特点的新的思维方式。"当各种思维通过种种途径进入大脑，并在大脑的城堡中联合起来时，思想阵地就是牢不可破的了。当进一步把这些知识成功地运用到解决物理问题中去，快乐也就不期而至了。

另外，需培养研究生欣赏理论物理的美感，举一反三地类比，将复杂的东西予以简单化，将凌乱分散的东西予以统一，从而发展想象力的步骤，这就是研究生的另一快乐——思考并快乐着。

研究生不应是个人的崇拜者，而应当是事物的崇拜者。真理的探求应是他唯一的目标。法拉第曾说："……但是还有一种人，他们的心灵上总是存在着妒忌或后悔的阴影，我不能设想一个人有了这种感情能够作出科学发现。"法拉第又说："上帝把骄矜赐给谁，那就是要谁死。" 所以，那些在科技界靠故弄玄虚而沽名钓誉的人，并不能快乐到最后。

子瞻有云："某平生无快意事，惟做文章。意之所到，则笔力曲折，无不尽意。自谓世间乐事无逾此者。”勤奋、坚韧精神、良好的感觉能力、机智、适度的自信和踏实认真的精神是研究生成功的必要条件，也是快乐的源泉。

最后以诗为证：

日间郁结夜间梦，前思后想只为研。
一叶色变知来秋，数峰云重疑藏泉。
演算前后沉理脉，推论左右喜逢源。
但得理论美若诗，范进中举悲也欢。

理论物理研究生想象力的培养

理论物理研究创新的根基是想象，爱因斯坦认为培养想象力比获取知识更为重要，它代表了人类文明的进步。爱因斯坦经常提出一些想象中的实验来引起科学争论。那么何谓想象呢？屈原曾写道："思旧故以想象兮，长太息而掩涕。"可见想象是在思旧故的基础上产生的，想象会引起情感的波动。古人还指出："有天地自然之象，有人心营造之象"，后者出于前者。科学想象与文学创作的想象有异，前者要受自然界的检验，后者却可以浪漫与荒唐。因为这样，爱因斯坦甚至认为科学想象要是不够荒唐就是不够味的，这使得我们想起他创立的狭义相对论中有尺缩和时延现象，乍看这是荒诞的神话，因为我国古代就有这样的故事：一个樵子进入深山老林云雾深处，见两位老叟正在下棋，樵子迷恋棋局，看完结束后回家，看到家里人的光景已是隔了几十年了。所谓天上一日，凡间数年。如今古人的想象竟然在狭义相对论中得以理论证明。又如，聊斋故事中崂山道士穿墙而入的荒唐事在学过量子力学的隧道效应的人看来也不觉得太突兀。至于爱因斯坦的广义相对论说到光线在引力场中会弯曲，若没有"荒诞不经"的想象勇气这更是不可想象的。

科学想象与文学创作的想象颇有相通之处，譬如晋朝的陆机说："其始也，皆收视反听，耽思傍讯，精骛八极，心游万仞。其致也……收百世之阙文，采千载之遗韵；谢朝华于已披，启夕秀于未振；观古今于须臾，抚四海于一瞬。然后选义按部，考辞就班。"可见想象的翅膀要搧得多快，才能"观古今于须臾，抚四海于一瞬"。人心游万仞这一点毫不逊色于高速电子计算机。我自己在年轻时广读文献，现在看文献时，常能联想起已有的知识，脑中迸发出新的思维之花。

美学家认为文学想象或艺术想象这种心理活动是一种形式思维，在思旧故的基础上营造新的美好环境。但我以为，理论物理学家的想象并不限于此，它往往不是建立在思旧故的基础上，反而是扬弃了已有的知识，就像普朗克破天荒地提出了量子假说，认为能量是一份一份发出的，这件事在他以前谁又能想象呢？

普朗克和爱因斯坦都喜欢音乐，另一理论物理学大家薛定谔除了爱音乐还喜欢写诗。"诗人感物，联类不穷，流连万象之际，沉吟视听之区"，所以多看一些诗歌作品会有助于提高理论物理学家的想象力。所谓“诗意浪漫助想象，风物吟唱泄愁念”。

当然，我们在科研上的想象终究要受到实验的检验，否则只会让人叹息“月痕着地如何深，镜像虚返总是薄”。

理论物理贵在推理:理推理,趋实理

前几年我在某大学讲学,在黑板上写下了“理推理,趋实理”,以补充老子《道德经》之“道可道,非常道”。

我不是哲学家,也无意与哲人老子媲美,只是觉得“道理”两个字是不可分的,既生道,就应理。这就如同“性情”两个字不可分一样,性乃情之本,情为性之现,譬如男女婚姻由情而性,若两者分离,则性滞而情荡。

“道理”两字不可分,也常听闻于伟人之口述也。如邓小平提出:“发展才是硬道理”,于是就有了如今的改革开放之大好形势。可见道与理之须臾不可分也。

对老子关于“道”之说,如何解释,众说纷纭,诸位可以从网上查询。鄙人不才,未敢揣摩。但我一生致力于理论物理的研究,根据荀子的“凡以知,人之性也,可以知,物之理也”以及杜甫的“细推物理须行乐,何用浮名绊此生”去实践探寻理论物理之美、之有效、之长远,便写下了“理推理,趋实理”六个字。

这六个字是指通过推理不但可以使理论深入,还可以鉴别实验结果,避免误判表面现象,提出并指导实验。爱因斯坦曾说:“……物理学家绝不能满足于研究表面现象,相反,他应当坚持用推理的方法,探求其内在的结构。”“……没有实验基础而要掌握真理是不可能的。但是我们钻研得愈深刻,我们的理论就愈渊博,所需验证理论的实验知识就愈少。”在量子力学发展史上,爱因斯坦曾启发海森伯说:“什么是可观测的,什么是不可观测的,是由理论本身决定的。”这引导海森伯推出了测不准原理。

就我自己的研究经历而言,在我年轻的时候,当看到英国物理学家狄拉克的量子力学对易符号对应经典泊松符号的理论,我就想建立一个理论能把经典变换直接过渡到量子幺正变换,依靠推理我发明了有序算符内的积分理论,丰富了量子力学的数理基础。

除了强调推出的理论要受实验的检验外,我不想对这六个字再做进一步的解释,这里只以潮汐这个自然现象为例来说明道与理的关系。潮汐,乃日、地、月运行循环之道也，即天道，所谓“早潮才落晚潮来，一日周流六十回”。毛主席亦有诗云“天生易老天难老”，那么潮汐是不会老的。天之行道，人为之理，那么为何有潮汐呢？

宋英宗治平年间，杭州有个叫蔡端明的郡守，就为潮汐之物理而百思不解，有其诗为证：

天卷潮回出海东，人间何事不争雄？
千年浪说鸱夷怒，一夕全疑渤澥空！
浪静最宜闻夜枕，峥嵘须待驾秋风。
寻思物理真难测，随自亏圆亦未通。

蔡郡守想不明白，只能认为潮汐是江涛之怒，所以他颁布禁止弄潮的文告，明令若有人作弄潮之戏，以父母所生之遗体投玉龙不测之深渊，必行处罚。

到了明朝万历卅年进士谢肇淛写道：“潮汐之说，诚不可穷诘，然但近岸浅浦，见其有消长耳，大海之体固毫无增减也。由此推之，不过海之一呼一吸，如人之鼻息，何必究其归泄之所？人生而有气息，即睡梦中形神不属，何以能吸？天地间只是一气耳。至于应月者，月为阴类，水之主也。月望而蚌蛤盈，月蚀而鱼脑减，各从其类也。然齐、浙、闽、粤，潮信各不同，时来之有远近也。”可见他已经把潮汐想象为海之呼吸，也知道了潮汐应月，也看到潮信的不同与时之远近有关，但他没有进一步大胆地想象潮汐起因是海与月之吸引力引起的变化，最终止于“不可穷诘”的苦涩，呜呼！

现在人们根据牛顿万有引力定律已经知道了潮汐产生的道理，它反映了人类为了解天道而细致推理的成果，正是有了这样的推理，才有了我们今天的嫦娥号飞船登月，这也算是天道酬勤吧。

所以，理论物理贵在推理，因此这必须成为研究生的基本功。每当新的研究生来报到，我都让他们推导我的专著中的内容，既可训练他们的数学与逻辑，又能让他们享受物理理论的艺术美。

著名哲学家冯友兰总结读书成功的经验为“精其选、解其言、知其意、明其理”。对这四个要诀，我觉得从理科学生的角度来说，还需补上“理推理”吧！

黄宾虹山水画中的物理

唐代诗人杜甫的“细推物理须行乐，何为浮名绊此身”意指仔细推测世界的万物之理，不要为了一些虚名而放弃了自己喜欢做的事情。他自己身体力行，如他的诗句“窗含西岭千秋雪”（说我从窗户可以望见西岭千万年累积的雪）就很有光学摄像取景的含义。

近代大画家黄宾虹先生的画更是每一幅都体现了物理规律，他论画尝言：“形若草草，实则规矩森严；物形或未尽有，物理始终在握，是草率即工也。倘或形式工整而生机灭，则貌逼真而情趣索然，是整齐即死也。”黄宾虹的山水画苍劲老辣，浑厚古拙，层次丰富，无一轻俏浮滑之笔，皆其始终把握物理之故。

试观黄宾虹所作，最重视内在的气质，他说：“山水乃图自然之性，非剽窃其形；不写万物之貌，乃传其内涵之神。”无论是巍峨山峦、广阔江湖，抑或村野小景、柳岸孤舟，先生作画多似信笔写来，随意点染，却意境深远，气势磅礴，逸趣天成。大自然在画家的笔墨耕耘下展现其深厚真挚的神韵和无穷奥秘。我看黄宾虹的画，不但遐想连绵，而且培养了研究理论物理的深远意境，常感到“此中有真意，欲辨已忘言”。

赖少其先生在1989年曾对黄宾虹的一本画册鉴定如下：

> 黄宾虹先生每对人言：自成一家不易。必须超出古人理法之外，不似之似，是为真似，然必入乎古人理法之中，如庄生梦蝴蝶，三眠三起，吐丝成茧，缚束其身，若能脱出，便栩栩如生，何等自在。凡作画者，既知理法，又苦为理法所缚束，正与蝴蝶然，若不能从茧中脱出，岂甘作鼎镬之虫哉。余观此册，写黄山与杭州，古人无此法，此法自黄宾虹出，又无一笔不合古人法理。可为学宾老者鉴。故定此册为宾老真迹，更定为精品，岂虚言哉。一九八九年，岁次己巳，余寓羊石城之木石斋中，能观宾老胜品，故为之记云。赖少其顿。钤印：赖少其（白）兴之所至（白）；品相：完好。

黄宾虹先生能做到“画图省识春风面”，画出山水的自然之性，内涵之神，即便是光学的全息摄影技术也未必能做到。

黄宾虹先生的山水画

物理直觉与书法感悟

书法是以汉字为载体的中国艺术，多看优秀的书法展览可以激发理论物理学家的个体创新思维。有些汉字是富有想象力的象形文字，特别有助于联想与扩展。理论物理学家的思维载体可以是各种图表、符号等，更提倡隐喻。所以两者有异曲同工之妙。

书法之妙，存乎一心，书法是个性的体现，所谓观字如观人。风骨奇伟的字必是性情中人所写。书法名家往往表现出其个性化又集成化的字体风采与神韵。集成化是指其能随心所欲地书写各种名家字体，集诸家之大成。在此基础上才升华到个性化的笔法。其纵横捭阖之势、峰回路转之变、疾徐顿挫之妙、脉络伸张之盈、浓淡干湿之宜、遒劲刚健之力、错落有致之局、潇洒落拓之态、奥妙腾挪之功均历历在目，使人观后如饮甘泉，眼波盈盈。

我是搞理论物理研究的科研工作者，现在能初步欣赏到一些书法的美大概是因为科学与艺术同出一源吧。长期的科研工作使我领悟了科研之美，于是让我也渐渐地走进书法欣赏之门了。书法家无一不经历长期的临摹训练，理论物理学家则必须有扎实的基本功，即“道从砚磨得”。比如说科研人员选题要选有“势”之题，既有明显的劈山开路之势，又能因势利导地引出很多后续工作，绵绵不断。而好的书法也是气势恢宏，一发而不可收。书法的境界在于无形之相，讲究意在笔先，手到擒来，一幅酣畅淋漓的书法作品是书法家在经意与不经意之中写下的，是一个受潜意识支配的成竹在胸的创作过程；而科研成果也往往产生于科学家的潜意识。天体物理学家、诺贝尔奖得主钱德拉萨卡拉(Chandrasekhara)曾描述了有关数学家的发现心理学，强调发明最重要的阶段是下意识的神志中所完成的组合，再涌现为意识的直觉。核物理学家(既是理论家又是实验家)、诺贝尔奖得主费米曾就自身经历阐述科学中的潜意识的作用：

“我愿告诉你我怎么发现的我自以为是我成就中最重要的一件事情。我们曾十分努力地研究中子诱导放射性，而结果没有意义。有一天，当我进入实验室时，我突然想到我应该检验在入射中子面前放置一块铅板所引起的效应。与我通常的惯例相反，我花了好大的劲精确地做了一块铅板。但显然我对有些事情不满意，我试了每一个‘借口’去推迟把那块铅板置于那个地方。而最后，当带着些依依不舍的心情，我正要去放置这块铅板时，我对自己说：‘不，我不要把它放在这里，我所要的只是一片石蜡。’事情就是这样的，事先并无警觉，并无意识，并无先入为主，并无理由，我立即拿了石蜡放在事先准备放铅板的地方。”

可见书法家的笔触和费米的放置石蜡有异曲同工之妙。在物理理论的建立过程中，虽然时时刻刻要受到实验的检验，但理论预言实验结果或领先于实验也屡见不鲜，可谓“顿悟”，它的出现，既非逻辑推理，也非好运机遇，而是至今仍然说不清道不明的“下意识”。这种“下意识”，我用一首小诗描述它：

忙中未必有，偷闲却灵生。
此中有悲喜，只属用功人。

欣赏好的书法作品能使理论物理工作者澄心定虑，戒粗心浮气，可谓“弄墨气顺合”。每当艰辛的脑力劳作之后翻阅书法家的墨宝，观其磅礴之势，有回肠荡气之感；观其龙飞凤舞之态，有天趣童真之乐；观其精神和气韵，可散郁结闷闷之怀。所谓“风姿绰约妍态，柳条藤蔓笔栽，古碑新飞神采。墨舔砚台，临摹人心扉开”。

吴昌硕书法

象形象态的房章如书法作品展
——小议科研创新与艺术灵感

就“什么是艺术和科学经验的共同点”爱因斯坦发表过这样的看法：

“那里不再是作为我们个人心愿与希望的舞台，在我们人类以赞美、探求和观察的方式正视它的地方，我们就进入了艺术与科学的王国。如果我们看到的与经历的东西是以逻辑的语言描绘的，我们就在从事科学；如果它是通过其形式来沟通的，与这种形式的联系不是由有意识的精神来达到而是由直觉来认识其意义的，那么我们就在从事艺术。”

爱因斯坦是伟大的理论物理学家，他以赞美、探求和观察的方式正视宇宙万物之运动规律，并以简洁优美的逻辑语言(数学方程)描绘之。而艺术家尽管也在观察、赞美自然界，并以各种想象与抽象去探求美，但不研究其运动规律。因此，理论物理学家的直觉本身就孕育着创意，比之艺术家的直觉更深刻更理性；理论物理学家的抽象求助于数学，除少数天才外，他们抽象的本领来自长期的思维训练。艺术家的作品可以被随心所欲地赋予个人主观的色彩；但理论物理学家却只能客观反映真实，从这点上说，他们的工作在外行眼里显得枯燥乏味。

欣赏艺术有助于理论物理研究生的灵感培养。例如，欣赏书画是由直觉来认识其意义的，书法家的作品提供了观摩者以测试自己直觉敏感与否的极好机会。我曾见过新桐城派的代表人物房章如先生写的有关辛弃疾词的书法作品《明月别枝惊鹊》，行间疏密有致，直中有曲，曲中见直；稳中有摆，摆中见稳。而且把“七八个星天外，两三点雨山前”这十二字的布局写得如同实景，仿佛星垂天际，雨斜山前，使人浮想联翩。

欣赏艺术也有助于培养理论物理研究生的良好气质。欣赏一幅好字一定要有正气凛然感，书法作品的“正”“匀”“灵”“鲜”的特点如同人的良好气质一样。古人云：“书贵得法，然以点画论法者，皆蔽于书者也，求法者当在体用备处，一法不亡，浓纤健决，各当其意；然后结字不失，疏密合度，可以论书矣。”

房先生的字重心稳，立有立相，站有站势，笔画舒展惬意，有灵气、有动感，如侠客舞剑，有起势、收势，也有眼花缭乱处。起势纵横捭阖，收势出人意料，变化莫测，但始终离不开“正”。“正”指他源出正宗书法学派，颜欧柳赵，经多年临习，然后将其融会贯通而做到自由潇洒发挥。“正”体现在他每一幅字都有骨骼，有正气凛然感。

房章如书法作品（Ⅰ）

“匀”“灵”“鲜”体现在其作品清新流畅，有气势，或如诉如泣，或如清泉直泻，或如银珠落盘，一眼扫去，十分惬意，使人有势在必行、势如破竹的感觉。

房章如先生的作品能直抒胸臆，观摩者能与之共抒襟怀。正如来自加拿大的学者约翰·加罗兹先生说的：“看到房先生的字，犹如看到了其内心的平和。”而对于我们科研工作者来说，看了他的字能够使我们心境淡然，有“行到水穷处，坐看云起时”的感觉，达到了宁静致远的心境。以前听说书法是一门艺术，因没有太深的体会，吾尝疑乎是，这次看了房先生的作品，才知所言非虚。“弄墨气顺合，闲笔意有凭”，房章如先生的作品是意有凭的闲笔生花，就在科研上突发的灵感来源于长期思考的积累，而出现于不经意之中。房先生的作品还道出了这样的真谛：“道从研磨得，愁入纸弥平。”（要想书法得“道”，必须经常磨墨习字，而我们搞科研的则要基础知识扎实）在思维纠缠悱恻之时，把愁思写到纸上进行整理，往往有“柳暗花明又一村”的效果。

房章如先生书法的另一个特点是充分展现了中国文字的象形本质。由于汉字从象形演化而来，写字象形尚易做到，但象态却很难，所以字写得能展示形态就耐人寻味了。如作品《黄沙百战穿金甲》中的“穿”字，神态活泼，活脱脱好像一个人伸出左胳膊去穿衣服，同时右脚插到裤筒里撑开的动作；而作品《闻鸡起舞》写的是繁体的“鸡”字，本身就是一幅鸡啼晓月的形态。当书法作品中又能表现出“情”字来时，那就更令人在作品前徘徊流连了：书法画《鹅池》下部的笔画就像两只小鹅，一公一母，在鹅池里游泳，形影不离之态跃然纸上，饶有情趣；在《长风万里送秋雁》作品中，“雁”字表现出大雁在风中翘首回盼，对于故土依恋不舍的情态。如果说房章如先生的书法作品追求书法象形象态的艺术，那对于我们搞科研的，则是要用最佳理论去表征所见到的自然现象与物态。

参观者异口同声地赞扬房先生的书画有艺术境界，值得欣赏。走进展室，一阵书卷墨香袭人，各具特色的流派书法使人大饱眼福，目不暇接。蓦然回首，那厢边的一个个大字儿也十分了得。

从事科研工作的人抽时间去欣赏艺术是有必要的，这不单是为了休闲，更重要的是当科学工作者也能以艺术家的观点和情操来研究自然科学时，那么创造力就比较容易被激发与发挥，他们的气质同时也会得到升华。

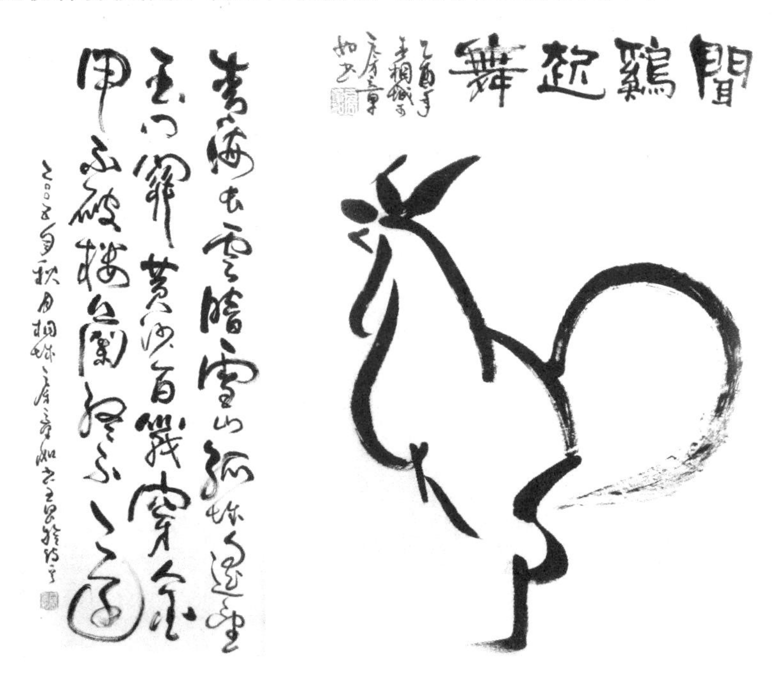

房章如书法作品（Ⅱ）

房章如书法作品(Ⅲ)

理论物理高才思维的培训

指导理论物理研究生多年，我总结出以下一些心得：

古人云："学道如穿井，井弥深，土弥难出。"高才思维者，既能精心独运，别出心裁，也能集思广益，从而另辟蹊径，别开生面，左右逢源。人都以为高才思维者寥寥无几，可望而不可及。事实上，高才思维是可以培训的。

未经训练之人，好守陈规而不能创新，是何缘故呢？陈规是空架子，有步履可循，而创新专现性灵，非有天才般的思维不能。我曾用对联"河道拐弯鱼不知，山势逶迤泉有灵"来描述这两种情形。也许有人反驳说："上联的内容是我们人认为的，谁知道鱼儿不知呢？"那就类似于庄子和惠子的关于鱼之乐的濠上之辩了，我是从鱼没有那么聪明知道的，不然它就不会轻易咬鱼钩了。地球人曾在漫长的历史时期中尚不知自身处的地球是圆的，因为地球相对于人太大了，更何况鱼，它在水中游怎么会知晓河道要拐弯了呢，但这并不排斥它有快乐的本能。

优秀的研究生，选题有方，门户既宽，采用又严：能知课题之源头及相互之间之关联，则自然宽矣；能知精彩与难点之所在，则自然严矣。既宽又严，便可左右逢源，举一反三，找出自然现象的共性，此即为高才思维。这就是为什么物理大师常强调从多个角度来讨论同一问题的缘故，此类讨论似易实难，所谓"看似寻常最奇崛，成如容易却艰辛"，能知道易中之难，才可与之言物理学修养。

然而对于绝大多数人，培训理论物理高才思维必先从"守陈规"起，即先从一步步的推导开始，在推导过程的来龙去脉中领悟物理，推导之路的曲折如山势逶迤，水行于上便聚成灵泉，多种推导思路便交汇出一幅幅物理图像，它们是今后创新概念的温床。而未经训练之人，即使有好题目举手可触，也会如鱼那样，不知河道要拐弯了。

高才思维仰仗力学苦思，方能引发有深远意义的理论物理论文的出现，其多简练者，皆由博返约之攻。写一篇论文："不知功到处，但觉诵来安。为求一字稳，耐得半宵寒。"观现在有的合作者，连论文的主要方法与过程都不熟悉，就欣然署名，真"高才"矣。

论知识的积累

我们往往看到不少博士生在取得学位走上工作岗位后(或在博士后阶段)科研工作无明显起色,或是不能独立地发表论文,这是什么原因呢?

我以为一个可能的原因是他们在博士生阶段没有丰厚的知识积累,或者说基础知识掌握得不扎实,知识面不够宽广,不能举一反三,左右逢源。我校原副校长华罗庚先生曾说"天才在于积累",对于这句话,"吾尝疑乎是",因为别的先哲说的是"天才在于勤奋"。经过长期的科学探索,我才觉得华罗庚先生的话更准确,更能反映实际。光用功而不注意科学地积累知识,往往无功而返。荀子在《劝学篇》中写道:"积土成山,风雨兴焉;积水成渊,蛟龙生焉。""不积跬步,无以至千里;不积小流,无以成江海。""真积力久则入"与华公的看法是相通的。

爱因斯坦说:"教育的价值不在于学习大量已知的事实,而是训练你的头脑去思考教科书里学不到的东西。"积累知识不只是局限于对散乱的材料加以整理,把它们平庸地堆砌成垛,而是如同加法向积分术飞跃一样,在于能把它们理清因果、追源溯本、旁敲侧击、融会贯通、消化吸收后为己所用,这也就是头脑的训练。否则,就像人肠胃中积物郁塞使气不顺,于身无补。知识积累系统性越高,头脑这个"计算机"的功能越强,越易出成果。我们的大脑既不能成为知识的"走廊",也不应该只是知识的"存储器"。知识的积累应该如同钱存于银行,既能保值,又能"生息",即产生出新知识。

我以为知识的积累过程有两种:一种是意向积累,即为了解决某个课题去听课,去看文献,去与同行专论,博采众长,这种有目的的知识学习有较明显的收益,学得较系统也较快;另一种我称之为翻阅积累,即在无意中翻翻杂志,随便与同行聊聊便获得知识。它们也许是点滴的、只言片语的、不成系统的,但对于这些知识,我们也应成为有心人,时时刻刻地留心掌握。记得 30 年前,有一次偶尔看到电子工程与信息科学系资料室在处理旧书,我花了 0.15 元买了一本俄文版的关于光辐射的书,随手翻到了广义函数的一个围道积分公式,后来在解决一个问题时恰巧用上,这就是翻阅积累带来的好处。古人有诗"学荒翻得性灵诗",说的也是这个意思吧。

海不辞滴水才成其深，山不拒微方才成其高。知识的积累是无限的，但人们不能等到学会了很多知识再去研究创新，而是在边积累边思考中前进，在创新中积累知识。尤其是理论物理研究生，要学会在推导公式中了解与积累知识，只有在数学推导的过程中才能真正把握物理知识的脉络并将其熟练应用，所以理论物理研究生的知识积累会更辛苦些。

知识积累到一定程度，如同水库蓄水易于灌溉庄稼一样，就容易出成果。我如今70多岁了，做科研近50年，发表SCI论文800多篇，写了18本专著，仍在孜孜不倦地求学积累，并应用它们以产生新知识，最近还提出了一个新的优美的数学变换(有别于傅里叶变换与拉普拉斯变换)，它是我对量子力学表象变换知识的发展与积累水到渠成的结果。我想，若没有我这样的知识背景是难以取得这样的成果的。

谈读文献之五失

纵观近十年来的攻读理论物理博士学位的研究生，有的能按时取得学位、愉快地走上工作岗位，而有的却只能延期毕业。其不能如愿以偿的一个主要原因是在读研阶段不知如何读文献以选好适合自己能力又有物理意义的课题。古人云读书有五失："泛观而无所择，其失博而寡要；好古人言行，意常退缩不敢望，其失懦而无立；纂录故实，一未终而屡更端，其失劳而无功；闻人之长将疾而趋从之，辄出其后，其失欲速而好高；喜学为文，未能蓄其本，其失又甚焉者也。"

我年轻的时候，就犯过"泛观而无所择"的毛病，去听了很多数学系的课，如拓扑学、实变函数、微分几何，然"失劳而无功"，浪费了不少时间；我也曾赶时髦，听说当下出现了热门的课题便"疾而趋从之"，结果也没做成好的科研论文，偶有作品发表，也不过是"辄出其后"罢了。

如今我指导研究生，觉得他们有的基础不扎实，"未能蓄其本"；有的缺乏信心与毅力，"失懦而无立"。为了帮助他们，我就自己找了一些重要文献让他们读，并吩咐他们何处只要泛读，一目可数行，何处则需精读，并要详细推导。

而对于有能力、富才气的学生，我却允许他们"一未终而屡更端"，鼓励他们在多个专题上看文献、出成果，培养他们对理论物理的通感。我告诉他们，一个有意思的物理问题，可以从多个角度（即以四大力学为基础）去分析，去综合。看文献，除了了解别人的研究动态，更要在提高自己的理论物理通感上下工夫，即要扩展才思，集思广益。我曾带过的学生陈俊华的理论物理通感强，他往往能举一反三、顺藤摸瓜地讨论问题，并且能同时处理好几个课题，所以我曾在校领导面前极力举荐他。

对于有功底的研究生，我还鼓励他们攻克难题。例如，我请陈俊华参与求激光的熵的演化这个较难的课题，这是一个综合量子光学、热力学和量子统计力学的课题，以往的文献都没有有效的方法处理之。我们用自己发展起来的纠缠态表象和有序算符内的积分方法首次圆满地求出了激光熵的演化规律，对激光的量子特性提供了更深刻的理解。所以，当你积累到有一定的本领，就勿要失去解决难题的机会。

与学书法的人临摹名家作品不同，在读文献的过程中，我告诫研究生切忌一味模仿，而要在提高悟性的基础上“渐若窥宏大”，才能“怪奇亦间出，如石漱湍濑”。要在读文献之时发现问题，以异于文章作者的观点和方法重新审视之，所谓“与其师人，不若师诸造化”，只有这样，研究生将来方有可能在理论物理领域自成一家。

珍惜年轻时的创造高峰期

南宋理学家朱熹说:"人之为学,当如救火、追亡,犹恐不及。小立课程,大做功夫。"清代学者梅曾亮也有同样的观点,他说:"文在天地,如物烟景焉,一俯仰之间,而遁乎万里之外。故善为文者,勿失其机。"对于学有潜力、思慧若渴的学生要珍惜年轻时的创造高峰期,勿失其机。

英国物理学家狄拉克在31岁那年获得诺贝尔奖,这位在理论物理学中有奇想并作出特殊贡献的人物,偶尔也会有令人沮丧的黑色"幽默",他曾写过这样一首诗:

> 岁月是无情的鞭策,物理学家为此担忧。
> 年过三十而无成就,人世已然无足恋留!

在默顿(Merton)著的《科学社会学》一书中也记载了狄拉克这样一段话:"……年龄犹如伤寒,每一个物理学家必然为之恐惧,一旦过了30岁,他虽生不如去死。"

此话当然不足为训,因为创造高峰期滞后或大器晚成的物理学家也不乏其人。但是每一个有志于对科研作贡献的年轻大学生都应该有学习的紧迫感,在30岁前勤奋学习与钻研。我自恨在"文革"期间耽误了人生中最宝贵的7年青春(1966～1974年),以致未能在30岁前对物理学的某个部分有独到的理解或贡献。尽管我于1966年在自学狄拉克的《量子力学原理》一书中的"坐标表象完备性"时就产生了要对狄拉克符号组成的投影算符$\int|q/\mu\rangle\langle q|\mathrm{d}q$积分的想法,但由于"文革"的影响,到1978年才静下心来研究此问题。到20世纪80年代初(35岁左右)才发明处理此类积分的有序算符内积分理论技术。现在此理论已经自成系统,起到了深化与发展符号法的作用,使牛顿-莱布尼茨理论可以直接用于狄拉克ket-bra符号的积分,从而以优美的方式丰富了数学物理,有广泛的应用前景并能自成一个研究方向。了解了它,人们才算真正懂得了量子力学的基本数理的框架、结构、逻辑、韵律,才能欣赏它的简单美和科学美。

回想开始的研究阶段,我对于这个"冷门"课题是懵懵懂懂的,天晓得能否

取得突破与进展。这样的选题值得吗？有意义吗？倘有意义，天才如狄拉克他自己为何没有提到它，又为什么数代的量子力学研究者中无人问津？我能在这方面有所作为吗？彷徨忐忑之心使我曾在这扇科学之门的入口处徘徊了好久，正所谓处在科学探索中“自疑不信人，自信不疑人”的阶段。后来机遇垂青了我，终于在某一天，我找到了解决问题的方法，当我第一次把积分 $\int |q/\mu\rangle\langle q| \mathrm{d}q/\sqrt{\mu}$ 用 IWOP 技术完成并得到了其优美的正规乘积形式时，一方面，我简直不敢相信这是真的，古人说：“使人信己者易，而蒙衣自信者难。”在经历了很多次做与 ket-btra 积分类似的积分并用其他方法验证的经历后，我才有了像欣赏杜甫的诗那样感到内心滋润的愉悦；另一方面，也为狄拉克符号法的简单性和蕴含的潜力感到惊奇。我国功勋卓著的物理学家彭桓武先生、于敏先生、何祚庥先生、冼鼎昌先生、杨国桢先生和张宗烨先生曾让我专程去北京介绍如何发展量子力学符号法的理论，并给予肯定。如今 IWOP 方法是量子力学“果园”里的一棵“常青树”，已被国际量子理论物理学界普遍接受。

让我们把上面所引狄拉克的这段话理解为：大学生要珍惜年轻时的创造高峰期，要耐得住寂寞，培养从学到研的创新思维，实现从增添知识到探索新知识的历程，勤奋工作，早出成果。在此以诗鼓励：

李白感叹：
“自古圣贤皆寂寞”，
普朗克花 15 年质难自己的成果，
“小园香径独徘徊”。
我非圣贤，
幸在孤独中开拓了量子论一片硕果。
爱翁的广义相对论有几人能读？
“寂寞开无主”的梅花，
不愿到《非诚勿扰》去消磨。
人说科学家要耐得住寂寞，
桐叶秋风，残云隐迹，月黑夜坐，
去悟那流星的陨落，
体验愉悦的思考求索。

理论物理研究的观博返约

同一切科学研究的目标一样，理论物理学家希望从尽可能少的假设或公理出发，通过数学推导或逻辑推理，尽可能多地说明物理现象，并预言可能有新的实验发现。正因为假设是尽可能少的，所以漂亮的理论物理成果是简洁的，它体现了精确性、可靠性和有效性，并有长远的科学价值。也许有人会说，理论模型愈简单，就离现实愈远，然而，事实表明，愈简单的模型往往较有用。

所以每当我审阅外校送来的理论物理博士或研究生的毕业学位论文时，我总是期望着能看到简洁、有效、普适的公式出现，但事与愿违，我几乎没有看到过令我眼睛一亮的论文。

那么这是什么原因呢？这说明，当思维的智慧还未能把它观察到的零散的事实联系成一体时，它是不会由博返约结出硕果的。这种理性的痛苦，最能激励学者继续思考，推动科学进步。那么学生们应该怎样研究理论物理才能在简洁性方面有所成就呢？

首先要善于把貌似不同但本质相同的现象联系成一类且集中到一个焦点上，加以分析考虑，从而找出规律。纵观历史我们可以悟出在物理界新出现的每一个观念或理念都有把两类或两类以上的实验观察用某种方式联系起来的特点。例如，潮汐运动与苹果落地皆由万有引力引起。正因为真理有多个貌似相异的表现形式（侧面），物理学家责无旁贷，就要用最简洁的术语去揭示它们。从这个角度说，科学如隐喻（隐喻是一种语言表达手法，通常用指某物的词或词组来指代他物，从而暗示它们之间的相似之处，如莎士比亚的“整个世界一台戏”）或是象征（被想象成代替另一物的事物）。

拿我自己的经验为例，当知道了谐振子的零点能可由量子力学的测不准关系说明后，我就想，如果把在无外电压下的约瑟夫森结的超流比拟为“零点能”，那么我就应该建立相应的测不准关系来说明超流。于是我设法构造了描述约瑟夫森结的相算符与库珀对数算符，建立了算符方程，成功地用测不准关系解

释了超导流的存在。又如，牛顿-莱布尼茨积分$\int \mathrm{d}x f(x)$与狄拉克的坐标表象完备性$\int \mathrm{d}x \,|\, x/\mu \rangle\langle x$都是积分，为何前者可积而后者不可积呢？于是我发明了有序算符内的积分方法，它有广泛的物理应用。再譬如，我把本征态的理念推广到“不变本征算符”，为求解本征能量提供了新方法。

这种联想的模式还可以促进跨学科的研究。譬如说，水加热后，水分子活动加剧，熵(一个物理量)增加了，熵代表无序度。那么当一个人激动时，其血压升高，是否也可用熵增来说明或测量呢?

以上所述是联想多个问题进行类比，抽象出规律，这是观博返约的一层意思。另一层意思是知识“浓缩”，找出其源点与重点，分清主次，突出核心。

古人云：“人各有能有不能。”理论物理的训练使我们从不能到能，陶冶了我们对简洁美的认知与享受，对数量级的估计，对不确定性宽容而采取的正确近似，真正达到观博返约的境界。

理论物理研究生的快捷思维

理论物理研究生如何读科技文献才有效率呢？也许有人会借鉴我国宋代著名学者朱熹的读书法，即按部就班，按文献作者的思路一页一页地从头看到尾，所谓以物观物，勿以己观物。朱熹认为尤其不要在未看完全书后就迫不及待地想知道结论，即在阅读之初或在阅读一半时，就去翻书的结局或结尾，他认为这是一种心不在焉的读书法。

我常常看到年轻的研究生们看文献就是如此循规蹈矩的。可是，根据自己长期的科研经验，我却不敢苟同朱熹的见解。对于科研论文的阅读，我认为可以先读读作者的摘要或引言，再看看他的结论，然后掩卷而思：此文结果是否对我有用，结论是否重要，是否可靠，他是用什么方法推导的，我自己能推导它吗？如果能，就自己演绎一番，如不能，再看其文之推导细节。

当然，每一门学科由于其特点不同，读书的方法也可不同。朱熹的方法也许适用于文史科专业，但于理科是事倍功半的。我认为我这样的读理科文献法不但是高效的，而且有益于启迪创造性，帮助提高质疑能力，这样也会使人“脑子转得快”。

理论物理研究生要自觉地训练大脑快速反应的本领。一个好的研究人员往往思维敏捷、灵动，善于举一反三、以点带面、望此及彼、由表及里。有一次，有人问光学家富兰克林：“为什么一个物体在我们视网膜上的像是倒立的，而我们都不感到物体是倒立的呢？”富兰克林想了一下，回答道：“当你两耳同时听到一个婴儿啼哭时，为什么马上能肯定啼哭的不是双胞胎呢？”可见，脑子转得快才有希望用思维的智慧把观察到的零散的事实联系成一体，这种理性最能激发深层思考，推动科学进步。

我自己常常有这样的经历，眼睛看的是这一段文字，脑子里想的却转移到另一篇文献或另一课题了。有时与学生讨论问题，头脑里会不由自主地想到与此相关的另一问题。这样的思维网络何以如此走向是一个说不清道不明的事情，应该是研究生物物理和脑科学的好课题。

如何培养“脑子转得快”呢？我的经验是：全神贯注，多读，多思，多推导。年轻人的脑子转得比老者的快，更应该趁佳龄时多用功。否则年纪大了，再磨砺脑子就困难了。“文革”前我读大学时对于数学的反应很快，一晚可做几十道积分题，可是经过“文革”中几年不动脑的耽误，脑子就迟钝了，等到“文革”结束后重整旗鼓，就觉得解题慢了，后来才知道这叫大脑“动力定型”。所以作为研究生切不可三天打鱼，两天晒网。民间有对联云：

读书不必起三更，睡五更

习文只怕曝一日，寒十日

当一个人脑子飞转时，就进入了状态，就像演员在舞台上进入状态一样。而一旦完成了此状态，他就完全沉浸在思索中，达到忘我的境界了，就像庄生梦蝶中的蝴蝶那样自由自在了。这时他的全部身心进入了另一个科研的自我，而此时离创新也就不远了，也许这可以称为创新的“进入状态说”吧。

理论物理研究生的智慧培养

理论物理的研究是需要智慧(悟性与灵感)的,也是体现智慧的。按照佛教的看法,智与慧是有区分的,“通达有为之事相为智,通达无为之空理为慧”(这也许是《愚公移山》的故事里的一个名叫智叟的人物不叫慧叟的缘故吧),按照此说,则实验物理多体现智,而理论物理多体现慧。“天下之趣味未有不自慧生”,所以导师最重要的是注意培养学生的智慧。训练他们的头脑去思考教科书里学不到的东西。那么,具体如何实施呢?

理论物理研究的目的是“格物致知”。清代大学者俞樾(《红楼梦》学者俞平伯之祖)曾经写道:“夫格物,乃大学教人之始,非可索之玄妙,也不必求之过高,要使学者有可以入手之处,乃得为之。”也就是说,对于刚入门的研究生,不要拿太玄妙的课题去为难他,也不要对他寄予过高的期望,而应该量才录用,使之得其所哉。当然,对天才研究生又作别论。在论语第一章第一节中就写有:“知之者不如好之者,好之者不如乐之者。”可见,古人还十分强调学习兴趣对学习效果的重要性。

所以导师要激励初等研究生的研究热情与兴趣,应给他以“入手之处”,根据他的知识背景和聪明程度选择一个既有一定的物理意义,又能预见研究结果的课题,这就对导师本人提出了一个相当高的要求(如果该导师不视带研究生为“放羊”的话),即导师必须有相当多的科研成果积累与驾驭直觉的本领。一方面,好的导师提出的课题既有前瞻性,也有延展性(可持续发展),即课题本身就应具有活力,更好的导师选择的课题通常具有长远的理论价值,而不是昙花一现的论坛“过客”;另一方面,培养研究生欣赏理论物理的美感往往能为他们提供必要的工作动力。

理论物理常用抽象思维,在研究进程中我们往往处于进退两难的窘境之中:我们可能会不够抽象,并错失了重要的物理学;我们也可能过于抽象,结果把我们模型中假设的目标变成了吞噬我们的真实的怪物。理论物理也强调把测量现象和数据上升为定量问题,这也是一种抽象思维。如果不能用数学来表示,那么我们的认识是不够的,还没有上升到科学的阶段。所以理论物理学家要掌握非常精妙的数学方法，甚至自创新数学方法。另一种抽象思维是分解问题，即把目标分解成包含此问题实质的几个更简化的问题，使纯粹的本质显露，即它刚好包含了可以解释问题的物理学原理。这除了需要才气之外，还要有恒心和判断力，导师要鼓励学生在一种方法无法奏效时去寻找更深层次的方法。

给了研究生一个具体的课题，而学生在接手一段时间后却没有成功，这时导师就要帮助学生寻找原因了，原因往往是学生缺乏对高于这一特殊课题的更一般的观点的认识，即手头要解决的问题不过是一连串有关问题中的一个环节。如能把这个一般的问题（症结）明确起来，解决问题的途径就可能增加。此外还存在这样的情况，即眼前问题未解决的原因是还存在一些更基本的问题未解决或未显露。这时导师应帮助学生刨根问底，提高他们分析问题的能力及抽象、联想能力（例如，让学生思考他能否重新叙述这个问题，甚至能否用不同的观点重新叙述它），以提高问题的清晰度。如果他不能解决所提出的问题，是否可先解决一个与此有关的问题或能不能想出一个更容易着手的有关问题？一个更特殊的问题？一个类比的问题或一个更普遍的问题？他能否解决这个问题的一部分？如果研究的对象是抽象的，那么应帮助学生通过精确而抽象的描述来理解对象，或举例来理解，而不只是局限于它的直观内容来理解。

在求解具体的课题时，要告诫学生一个概念或理论能否保持它的重要性，既取决于它的成果性，又取决于它的符号表达形式。如果后者造成了理解上的困难但概念是富有成果的，那么，一种更容易把握和理解的符号形式就应得到发展。例如，狄拉克在研究量子力学时创立了符号法就是一个范例。

总之，帮助学生举一反三地类比，将复杂的东西予以简单化，将凌乱分散的东西予以统一，调动学生的知识库，学生就有望完成课题，并为将来能开拓新的研究领域做准备与铺垫。

尽管另一位大物理学家玻恩曾说："在我看来，巧妙的、基本的科学思维是一种天资，那是不能教授的，而且只限于少数人。"而我对此难以苟同：人的灵气是可以培养的，我的不少研究生经过指导后都充实了智慧，对理论物理有了感觉与习惯（一种简捷有力的思维方式）。让我们以更热忱的心去指导研究生的论文，使他们更加爱好理论物理，享受到超乎常人的智力上的快感，使他们感到理论物理是他们自己的特殊娱乐，他们在这种娱乐中寻求发挥独创性的满足。在此以诗鼓励：

窍开识玄机，苦行自高僧。
百思常虚空，千虑偶有成。
水汽迷瓦特，苹果幸牛顿。
天意自公道，垂青有心人。

这符合沈德潜所说："作者积久用力，不求助长，充养既久，变化自生，可以换却凡骨也。"

与理论物理研究生谈方法论

理论物理学家十分重视理论方法。常用的理论物理研究方法有以下几种：

抓住重点，升华理论框架到普遍性

量子力学的创始人之一薛定谔曾说："你（指爱因斯坦）在寻找大猎物，你是在猎狮，而我只是在抓野兔。""如果不是因为你（指爱因斯坦）从关于气体简并的第二篇论文中，硬是把德布罗意想法的重要性摆到了我的鼻子底下，整个波动力学（光靠我自己）根本就建立不起来，并且恐怕永远也构建不起来。"他又说："德布罗意能从一个巨大的理论框架上思考问题，这一点确实比我高明，那是我过去所不知道的……德布罗意在数学技巧上的处理和我过去的工作差不多，只是稍微正规些，却并不优美，更没有从普遍性上加以说明。"正是这种对普遍性规律的追求的方法，促使薛定谔在汲取德布罗意科学思想的基础上，去寻找波动方程的数学表达式，从而建立了一种更普遍的波动理论。

充分构建数学美

另一理论物理学家温伯格（Weinberg）则更进一步，他认为科学发现的方法通常包含着从经验水平到前提的或逻辑上的不连续性的飞跃，对于某些科学家来说（如爱因斯坦和狄拉克），数学形式主义的美学魅力常常提示着这种飞跃的方向。

多角度分析，推陈出新

费曼被称为第二个狄拉克。他说："用一种新观点来认识老事物，乃是一种乐趣。"例如，他用最小作用量原理重新表述狄拉克的量子力学绘景，推陈出新而别开生面。

麦克斯韦说:“人的心灵各有不同的类型,科学的真理也就应该以种种不同的形式表现。不管它是以具有生动的物理色彩的定理形式出现,还是以朴素无华的符号形式出现,它们都应当被看作同样科学的。”

适当应用抽象

关于抽象,基本粒子物理学家盖尔曼(Gell-Mann)曾这样说过:“在我们的工作中,我们总是处于进退两难的窘境之中:我们可能会不够抽象,并错失了重要的物理学;我们也可能过于抽象,结果把我们模型中假设的目标变成了吞噬我们的真实的怪物。”

但是,另一理论物理学家玻恩却认为科学方法是难以教授给学生的。他说:“在我看来,巧妙的、基本的科学思维是一种天资,那是不能教授的,而且只限于少数人。”这个意思与我国古代孟子所说的:“能与人规矩,不能使人巧”有些相似。

但我不完全同意这一观点。诚然,别出心裁的方法是一些天才的杰作。但他们的方法也是可以学习与借鉴的,只是关键在于学得是否到家而已。记得我校原副校长、著名数学家华罗庚在他著名的《数论导引》一书的序言中有一段很重要的话:“在开始搞研究工作的时候,最难把握的是质的问题,也就是深度问题。有时作者孜孜不倦地搞了好久自以为十分深刻的工作,但专家却认为仍极肤浅。其原因犹如下棋,初下者自以为下了不少步,但在棋手看来却极平易。其主要原因在于棋手对局多,因之十分熟练;看谱多,因之棋谱上已有的若干艰难着子在他看来都在掌握之中。数学的研究工作亦然,必须勤做,必须多和‘高手’下棋(换言之,把数学大家的结果试予改进),必须多揣摩成局(指已有的解决有名问题的证明),经此锻炼自然本领日进。”揣摩别人的思想方法,想想前人是怎样想到这一高明的见解的,是根据什么思路走的,是可以训练出掌握科学研究的方法的。

我们自己也可以创造理论方法,前提是苦思冥想,突发灵感,如我创造的“有序算符内的积分技术”就是这样得来的。不同的方法积聚在同一人脑中,融会贯通,触类旁通,就有可能产生新方法。

理论物理研究生的基本功培养
——忘声而后能言，忘笔而后能书

自从被国务院学位委员会评为博导后，我也陆续带了一些研究生。在培养理论物理研究生的措施上，我不是先教他们创作什么论文，而是让他们先学习我所发展了的量子力学的表象和变换理论。由于这套处于国际领先水平的理论按钱临照先生所言是“看似寻常最奇崛”，所以研究生读了感到欣喜，也得到了真传。华罗庚曾说：“在中学时，别人花一小时，我就花两小时。而到工作时，别人花一小时解决的问题，我有时就可能用更少的时间去解决了。”华罗庚为了彻底掌握外尔的《群表示论》一书中的内容花了整整两年时间，一直到他认为真正念懂了，并且转化成了自己的语言——矩阵，然后作为工具研究多复变函数，写了《典型域上调和分析》一书。我向华罗庚校长学习，对学生们非常强调基本功的重要性，要求他们舍得在基础知识上多花工夫。

那么，基本功要练成什么样呢？华罗庚说：“要练得很熟。熟了才能有所发明和发现，熟能生巧。在练基本功时最忌讳好高骛远，要不怕粗活，不要轻视点滴工作。轻视困难和惧怕困难是孪生兄弟，往往会出现在同一个人身上。例如，有人轻视复杂的计算，实际上是惧怕计算。我看见过不少年轻人，眼高手低，浅尝辄止，匆匆 10 年，一无成就。”他把练基本功比喻为练拳，要“拳不离手”。

比“拳不离手”更高的层次是苏东坡说的“忘声而后能言，忘笔而后能书”。苏公认为：“婴儿生而导之言，稍长而教之书，口必至于忘声而后能言，手必至于忘笔而后能书，此吾之所知也。口不能忘声，则语言难于属文；手不能忘笔，则字书难于刻雕。及其相忘之至也，则形容心术，酬酢万物之变，忽然而不自知也。”

所以，我要求我的学生熟练我的 5 本有关量子力学和量子光学的前沿著作，他们得到了很明显的进步，有一个学生比较勤快，喜爱推导，在博士生期间发表了约 50 篇论文，其所载的杂志也有不少高影响因子的。如果一个人偷懒，怕下苦功，又好高骛远，他就很可能投机取巧，甚至把别人的成果作为自己的来炫耀。

欧洲文艺复兴时期意大利的一位卓越画家达·芬奇(da Vinci)幼时爱好绘画,父亲送他到当时意大利的名城佛罗伦萨拜名画家佛罗基奥为师。佛罗基奥不是先教他创作什么作品,而是要他从画蛋入手。他画了一个又一个,足足画了十几天,渐渐有些不耐烦了,老师见此状,对他说:“不要以为画蛋容易。要知道,1000个蛋当中从来没有两个是形状完全相同的;即使是同一个蛋,只要变换一下角度去看,形状也就不同了。比方说,把头抬高一点看,或者把眼睛放低一点看,这个蛋的椭圆形轮廓就会有差异。所以,要在画纸上把它完善地表现出来,非得下一番苦功不可。”佛罗基奥还说:“反复地练习画蛋,就是严格训练用眼睛细致地观察形象,用手准确地描绘形象,做到手眼一致,不论画什么就都能得心应手了。”后来达·芬奇用心学习素描,经过长期艰苦的艺术实践,终于创作出了许多不朽的名画,成为一代宗师。做理论物理也是如此,先让四大力学烂熟于胸,再用不同的观点或方法处理同一问题,往往会有不同的收获。

金代文学家元好问在谈到诗歌创造时写道:“眼处心生句自神,暗中摸索总非真。画图临出秦川景,亲到长安有几人?”可以作为理论物理研究生学习的借鉴,研究理论物理光有概念是不够的,需要亲自进行数学推导,尤其是独创更需有亲自计算的体验,要“亲到长安”,否则就有流于主观臆造的危险。只有经历了数学推导,咀嚼了真味,才会对物理概念与原理有真实感受,一步一个脚印,进入一种境界。

加强与扩展研究生的数学能力与视野,鼓励他们发明新的数学物理方法,这是我多年积累的经验。有了基本功,他们就可以少犯低级错误,毕业后就能独立完成工作,这也是我们当导师所期盼的。

理论物理研究生幽默感的培养

理论物理在未得其要领时，是抽象又深奥的。刚刚入学的部分研究生对它往往望而生畏，感到枯燥乏味；而另有一部分研究生则因急于求成而钻牛角尖，用功却无心得。若长期处于这两种状态，则丧失学习进取的兴趣，不能按时完成学业发表论文取得学位。针对这些情况，我们当导师的除了要及时悉心指导，让他们增强自信心外，还要以幽默来感染他们，向他们推荐物理学家成才的故事书看，教给他们灵活的思维模式和对理论物理美的鉴赏力，甚至讲一些物理学家的幽默轶闻给他们听。例如，在讲对称性与守恒定律时，可以取笑地说："牛也知对称性，因为牛在咀嚼时下巴顺时针方向的旋转与逆时针方向的旋转的情形同等出现。"又如，在讲相对论时，谈及爱因斯坦年轻时说的一个幽默，他说："在宇宙内相对运动着的各个坐标系内，各有自己的时钟。但是，实际上我家连一个时钟都买不起。"老年的爱因斯坦的脸颇具特色，悲天悯人的神态、慈祥又睿智的眼光、哲学思考嵌入的额上皱纹，使那些雕塑家、画家、摄影师们纷纷来找爱因斯坦，并请他摆出各种姿势让他们成就艺术品。甚至连我在上海城隍庙也曾看到一家卖烟斗的商店里，店堂正中高悬爱因斯坦手持烟斗的大幅照片做广告。于是有一位不认识爱因斯坦的人问他："先生，你的专业是什么？""职业模特儿。"爱因斯坦回答说。

泡利是一个批评别人科研结果不讲情面的人，就是这样一个"上帝的鞭子"也颇具幽默感。例如，在给学生讲微观世界的测不准原理时，泡利说："一个人能用'动量 p'这个眼看世界，也可以用'坐标 q'这个眼看世界，但是当他睁开双眼，就会头昏眼花了。"由此外推，还可以讲："当你听到一个物理学家诉诸测不准原理时，请捂紧你的钱包。"

历史上，那些著名理论物理学家常常也是幽默家。例如，1927 年冬，薛定谔在美国访问结束乘船返回途中经过纽约，看到了自由女神像，"这个雕塑风格荒诞，介乎滑稽和可畏之间，应该在自由女神高举起的手腕上添加一只巨型手表，这样的画面才算完整"，薛定谔如是对同伴说。苏联大理论物理学家朗道搞科研很认真，一丝不苟，却也是一位睿智的幽默家。一天，朗道和另一位物理学家去苏黎世的一个图书馆，书架上陈列着一系列科学院的早期出版物。“让我们看看，”朗道接着说，“看看那些老家伙写的胡言乱语，那一定是十分有趣的。”他于是抽出一卷书，打开一看，第一页是拉格朗日（Lagrange，著名数学家、力学家）的论文。他又看下一篇文章，是拉普拉斯（Laplace，著名数学家）写的。一篇接着一篇地翻阅下去。见到的都是重要的数学家和物理学家的经典著作。朗道愣了一会儿，又面露喜色地下结论说：“这说明法国革命是如何真正推动了科学进步的。”

有一次朗道去列宁格勒，指导那里的化学物理所的理论组。一名研究人员Z君负责每天用汽车接送他。最后一天，Z君陪朗道去所里财务科，Z君惊讶地看到朗道数起酬金来，就忍不住问道：“朗道，你总是教我们只需要考虑数量级，显然财务科不会少付你超过你酬金的1/10的钱。”对于这弦外之音（即朗道你何必去数这份钱呢？），朗道在发了一会儿窘后答道：“钱是在指数的位置上。”

可见理论物理学家造出来的幽默往往是“三句话不离本行”，让我们以平时沉默寡言的大家狄拉克为例：有一次，在哥本哈根的一个聚会上，他提出一个理论，根据这个理论必定存在一个最佳距离，隔着它来看一个妇女的脸蛋，视觉最佳。狄拉克的理由是在距离$d=\infty$时，什么也看不到，而当$d=0$时由于人眼的光圈小，妇女的椭圆形脸蛋会看得走形，并且脸上许多其他的疵点（如小皱纹）难免会被扩大。因此，必定存在一定的最理想的距离，站在这个位置看妇女的脸效果更佳。

在场一位叫伽莫夫（Gamow）的物理学家（也是一位喜欢搞笑的人）于是问道：“告诉我，你以前看妇女脸蛋的最近距离是多少？”“哦，”狄拉克答道，一边伸出双掌保持着5厘米的距离，“大概这么近吧。”

即使是在学术讨论时物理学家也不失幽默。有一次，费曼作关于液氮的学术报告，末了，费曼抱怨自己拿不准液氮的相变属于一级还是二级。在场的翁萨格（Onsager，诺贝尔奖得主）站起来冷冷地说：“费曼教授在我们这个领域只是个新手，我想他需要一些指导，有些事情他应该知道，我们应该教教他。”费曼沮丧地想：“我做错什么了？”

翁萨格说：“我们应该告诉他，从来就没有人能从基本理论开始，研究出任何关于相变的数量级。因此，如果他的理论未能让他正确地计算出数量级，也并不代表他还未充分了解液氮的其他层面。”原来他是以幽默的方式恭维费曼呢。

总之，理论物理研究生要养成以幽默来应付不顺利的事，因为幽默不但体现了极大的机智与宽广的襟怀，也是摆脱紧张的心理压力、克服挫折的有效办法。记得理论物理学家外斯(Weiss)曾诙谐地说:“实验家是那些坐在船上航行到世界另一侧,然后跃上这些新岛屿并记录下他们所见到的那些人。而理论物理学家是那些逗留在马德里并告诉哥伦布让他准备去印度登陆的那些人。”所以我对研究生说:“既然理论物理研究生并没有直接在海上航行遭遇风浪的险情,为什么要紧张呢?”

培养理论物理研究的氛围

关于理论物理,爱因斯坦曾说:“在所有可能的图像中,理论物理学家的世界图像占有什么地位呢?在描述各种关系时,它要求严密的精确性达到那种只有用数学语言才能达到的最高的标准。”这提示我们,靠得住的物理学理论都应该具备数学美。或者说,对于某些理论物理学家来说,数学形式主义的美学魅力常常提示着这种飞跃的方向。理论物理学家、诺贝尔奖得主温伯格认为:“尽管科学研究可能不会像梵高的名作那样给我们带来狂喜,但科学的氛围却有其内在的美——像弗美尔的艺术那样清晰、朴素和富有思想。打一个不太恰当的比方:有人说,聆听巴赫的一首赋格曲犹如证明一条数学定理。如果你接受这种陈腐的说教,那么你同样应该体会到,证明一条数学定理就如同是在聆听巴赫的一首赋格曲。”理论物理学家的思考需要科学的氛围,因此培养理论物理研究的氛围也很重要。我认为应自然地形成学术讨论和人文环境科学的氛围。

先说学术讨论氛围。根据著名的荷兰理论物理学家埃伦费斯特(Ehrenfest)的观点:让两个专业相近、兴趣相投的专家一起讨论,他们就不会感到孤独。这对他们多出成果有利。例如,维格纳(Wigner)是匈牙利人,他与冯·诺伊曼(von Neumann)是好朋友。1930年,普林斯顿大学同时聘请了他们两人,但只是为了吸引冯·诺伊曼才不太情愿地也接受了维格纳。也许是由于维格纳知道了他被聘的背景,到了普林斯顿后他非常谦逊,甚至在自己的办公室脱外套他也要请求客人允准,当他与客人谈话不禁咳嗽时,也会主动道歉:“这是我的错,但我不是有意的。”

诚然,天才或怪才也许只有在孤独时才能思绪万千。但对于绝大多数的研究生而言,互相切磋的氛围可帮助他们学业有成。例如,理论物理学家格拉肖(Glashow)最喜好与别人一起工作。他是个很随便的人,早上他带着四五个主意来,其中大部分都是错的,他希望别人帮他把这些主意打消。他是社交型的人……甚至在学生电动力学课期末考试进行当中,多数的学生都在满头大汗忙着解题的时候,格拉肖突然说:“噢,顺便说一句,我自己没有解出第五题,你们当中谁要是找到答案了就请告诉我。”当时教室里所有的人都惊愕得面面相觑。

有共同兴趣的学生们，还应该有互相作科学报告的习惯，即使是听众人数不多也不要气馁。例如，多普勒(Doppler，1803 年出生在奥地利的萨尔斯堡)在一次演讲中公布了他的预见——对运动的光源或声源发出的波，观察者检测到的频率取决于源对观察者的相对速度。多普勒的报告是 1842 年在布拉格的皇家波西米亚科学协会上作的。当时出席的除了多普勒自己外，只有五位科学家及一位记录员。

多普勒自己未能用光学办法证实自己的预见。在 1845 年有一位德国气象学家听到这一发现后，鼓动了一群吹喇叭手乘在一辆运动的火车的踏板上尽可能地吹同一音符，又让有音乐素养的听众在铁轨两边仔细听，当火车飕飕作声地驶过听众时，他们听到音调有了明显变化，证实了多普勒的预见。

如今多普勒效应有广泛的用途，甚至可用来检测血液在人的大脑血管中是怎样流动的。

再谈人文环境科学氛围。庄严肃穆的人文环境科学的氛围可帮助人进入深思。在肯辛顿科学博物馆里收藏着一幅旧画，它描绘了格林尼治天文台八角厅中的景致，这幅画再好不过地表达了科学的气氛：房间的摆设是 18 世纪早期的风格，冷漠而有条不紊，有好几种科学仪器摆在那里，随时可以应用，各种时钟挂在墙壁上，明媚的阳光从几扇窗中射入，照亮了整个房间。我国古代学者书房的布置往往也给人以宁静致远的感觉。

因此，在理论物理学中仅仅有才能是不够的，你还要能够产生新的思想，即使有些是怪诞的，但这对科学发现是不可或缺的。而产生新思想的温床就是良好而庄严的科研氛围。

慎重对待研究生的论文选题

身为研究生指导教师，指导学生（尤其是博士生）选题时必须慎之又慎，既要富有科学意义，具有前沿性，又要有成功的把握，有体现创新的用武之地。否则由于选题的失误而耽误学生的前程就难以“亡羊补牢”了。对此，我对曾经历过的一件小事而感触颇深。

一天，一位朋友兴冲冲地拿了一卷裱好了的某书法家的字给我欣赏。当轴卷慢慢展开，鲜龙活跳的字渐渐映入眼帘时，我突然发现展开到中间画面后，每伸展一圈，纸中央就出现一个豇豆般大小的洞，直至图穷又看到画轴上也有一个大小相同的深洞。我们在扫兴中夹杂着纳闷，怎么刚裱好的字画，蛀虫就入侵了呢？如此说来，轴上的小洞内肯定藏有虫子，它从洞中不断地咬噬纸，吃透了几层卷面，所以在纸上留下了相间几乎等距的小洞，间距等于 $2\pi(r+nd)$，这里 r 是画轴的半径，d 是纸的厚度，n 是画轴卷的次数。

我提议拿一个小棍子捅捅小洞，看有什么动静，不出所料，先是一个细小的触角伸出洞口，然后慢慢地探出一个小巧的头，环顾四周，懒洋洋地爬出来，定睛一看，啊哈！是一个小天牛。这家伙肯定是在抱怨谁入侵了它的洞府，搅了它的好梦，它刚吃饱了“纸饭”，正在酣睡呢。对于这富有戏剧性的一幕，也许有人会问：“虫子咬到字了吗？”结果是否定的，看来虫子还是很有分寸的。

逮着了小虫，朋友打电话给裱匠，抱怨他们裱画时所选的画轴里面藏有虫子，以致坑害了书法作品。对方不信，朋友就带了画和小天牛去他那里申诉。结果可想而知了。面对铁的事实，裱匠说他们裱了几十年的画，遇到这种情况还是“大姑娘上轿——头一回”。

这件小事使我想到做什么事情开头都要先检查一遍，踏实无误后再往下进行。如果裱匠开始就检查一下画轴，一发现有虫洞，就应弃之或处理之。好比我们写论文，初始的数据和公式必须确实可靠才能往下演算，否则潜藏的恶果终究会出现的。

这也使我写下这样的对联:“诗境有禅顿悟易,空门无框遁入难。”科研选题就像空门摸框,是一门技巧,也蕴藏风险,难怪责任心强的老师不愿多带研究生,宁缺毋滥呢!

对理科研究生的心理疏导

在长期培养研究生的工作岗位上我时不时地看到有的学生无精打采，闷闷不乐，有的甚至天天失眠。问其原因，大都是因为学位论文进展不顺利，或是看了文献，不会推导文中某些公式，举步维艰，或是写不出可投稿的论文，精神压力大。他们说尽管每天都在学习，但收效甚微。对于这些现象，我们认为导师和研究生培养单位应该给予他们适当的心理疏导。例如，中科大理论物理博士点的老师就曾用晋代陶渊明的一个小故事来开导失意的学生：

> 陶渊明辞官退居田园后，有个少年乡邻来向他请教学习的捷径。陶渊明对少年说："学习绝无捷径，只有笨法。常言道：'书山有路勤为径'，勤学则进，辍学则退呀！"少年听了似懂非懂，陶渊明便让少年看他亲手种植的禾苗："你看，它在往上长吗？"少年看了一会儿说："没有。"陶渊明便耐心地说："禾苗是每时每刻都在长的，只是肉眼觉察不到罢了。学习也一样，要日积月累，才会由知之甚少变为知之甚多。"陶渊明又指着一块磨刀石问道："看，它怎么会变成马鞍形的呢？"少年随口回答道："是磨损的。""是一天就能变成这样的吗？"少年答道："要很多天。"陶渊明微笑着说："对啦，是天长日久逐渐磨损成的。这就说明：如果我们停止学习，时间长了，已经学到的知识也会慢慢忘掉的。""哦！"少年明白了"勤学则进，辍学则退"的道理，他拜谢陶渊明的指教，并请求陶渊明题词留念。
>
> 陶渊明欣然写道："勤学如春起之苗，不见其增，日有所长。辍学如磨刀之石，不见其减，日有所损。"

在讲了这个故事后，老师开导研究生说："虽然你们抱怨每天学习好几小时收效甚微。其实你们的进步还是每天都有的，只是自己感觉不明显罢了，这正如陶渊明所指出的那样：'禾苗是每时每刻都在长的，只是肉眼觉察不到罢了。'研究生的学习情况也是如此，要天长日久，才会有个飞跃。所以要耐得住寂寞，坚持不懈，'积学以储宝，酌理以富才，研阅以穷照'。"

中科大理论物理博士点的老师还教给研究生积累知识的方法，让他们懂得积累的价值不在于学到大量已知的事实，而在于训练自己的头脑去思考教科书里学不到的东西。积累知识不只是局限于对散乱的材料加以整理，把它们平庸地堆砌成垛，而是如同加法向积分术“飞跃”一样，能将它们理清因果、追源溯本、旁敲侧推、融会贯通、消化吸收后为己所用，这也就是头脑的训练。否则，就像人胃肠中之积物之郁塞使气不顺一样，于身无补。头脑里知识系统性的积累越多，头脑这个“计算机”的功能就越强，越易出成果。我们的大脑既不能成为知识的“走廊”，也不应该只是知识的“存储器”。知识的积累应该如同钱存于银行，能“生息”，即产生新知识。

中科大理论物理博士点的老师还从大物理学家玻恩（诺贝尔奖得主）指导研究生的经验和教训中改进自己的指导方法。

玻恩有良好的工作习惯，每天来到办公室后先向秘书口述回信，然后他来到旁边的房间，房中一个大的U形桌子周围坐着他的所有合作者。玻恩从桌子的一头开始走，每到一个学生面前就停下来，提一个同样的问题：“从昨天到现在，你都做了什么？”当学生回答后，他就有关专题进行讨论并给出建议。但并不是每个学生都对这种程序感到高兴。据玻恩的博士后沃尔夫（Wolf）回忆，玻恩组内的一个物理学家，每次当玻恩走近他并提出惯常的问题后都显得很紧张。有一天他告诉沃尔夫说他脑弦绷得太紧而吃不消，准备一旦发现有新的工作岗位就离开此地，几个月后他果真离开了。沃尔夫自己也承认一开始他也对玻恩的提问感到不舒服，因为每个人在做研究时总有低产低效率的阶段，怎么可能天天有进展呢？所以有一天，当玻恩在U形桌子旁站在他面前发问“沃尔夫，从昨天到现在你都做了什么？”时，沃尔夫当即回答说：“什么也没干。”玻恩看上去有点惊愕，但他并没有抱怨而是走向下一个学生，提出同一个问题。

沃尔夫说：“玻恩总是直截了当地表达自己的观点与感觉，但他不在意别人也如此，如这个小事件中所反映出来的那样。”

从以上看出中科大理论物理博士点的老师认识到即使像诺贝尔奖得主玻恩那样的大师，他的学生也不是每天都有研究心得，所以要避免无形中给研究生施加压力，加重他们的心理负担，应该“无望其速成，无诱于势利，养其根而俟其实，加其膏而希其光”。也就是说研究理论物理不必非选做最重要的理论工作不可，因为大多数人都不具备爱因斯坦那样的慧眼，也不一定有这样的机遇；也不必认为非做一鸣惊人的文章不可；也不必受“创性只有第一没有第二”论的束缚，论文只要有助于突出他人的第一又未尝不可呢？因为“红花也要绿叶衬”。我们绝大多数人都不是天才，所以我们只能以“不积跬步，无以至千里”的方式行路，而以“壮心每遭世俗挫，笔花却逢愁思开”这两句话赋予我们希望。

“山不碍路，路自通山”，这是《西游记》中的孙悟空安慰唐玄奘说的话，也应是我们在探索崎岖并攀登高峰的进程上应该持的心态。

另一方面，当得知一个研究生的首篇论文为某SCI杂志接受发表后，中科大博士点的老师还与学生们一起享受心灵惬意，让他们体会到若能在理解自然的过程中求得发现，哪怕它不是光照千秋的，也会油然产生“天生我材必有用”的喜悦。爱因斯坦曾说：“对于一个毕业努力追求一点真理的人来说，如果他看到有别人真正理解并欣赏自己的工作，那就是最美的回报了。”而如果不走运，他的成果在生前由于种种原因得不到应有的承认，那就以杜甫的“文章千古事，得失寸心知”来自娱，这是中科大的老师们对研究生的另一心灵慰藉。

在经过以上这些心理疏导后，理科研究生们懂得了学习“贵在虚静，疏瀹五藏，澡雪精神”，他们对于学习的韧性强化了，并能注意在每天的学习中积累知识，训练脑力。他们中的绝大多数后来都按期拿到了学位，走上了满意的工作岗位。

让我们以清代大学者袁枚的话结束这次漫谈：“……由博返约之功(积累知识)，为陈年之酒，风霜之木，药淬之匕首，非枯槁简寂之谓，然必须力学苦思，常年不倦。”

指导研究生成为科技领军人物应从培养良好气质抓起

国家号召学校多多培养科技领军人物，即培养科技将才、帅才。但是，对真正意义下的科技领军人物的要求有三条：(1) 自己开辟研究方向，有鲜明原创；(2) 成果系统化，可持续发展，有长远科学价值；(3) 有科学道德，能以自己严谨的学风影响后人。可见培养科技领军人物应从培养良好气质抓起。

评价一个学校的优劣，除了看其设施的先进与否外，更重要的是观察其师生内在的气质，气质是学校的人文氛围。古人云："君子之于学，贵有其质而必尽其道也。"这就是说优秀的老师和学生对待学习的态度，可贵之处在于有良好的气质，这样才能尽其所能地学习与研究，并充分发挥其潜质以取得杰出的成果。反之，"盖质非威重，则学不能固也，然道或未尽，亦岂能有成哉?"因为科技领军人物不等同于政治学术人物。

指导研究生是一个树人又琢器的任务。以往谈论培养研究生的不少文章中对如何琢器，即指导方法讲得多，树人方面却讲得少。我以为指导研究生应从培养他们的良好气质抓起，即重点熏陶他们的内在气质。

普朗克在当选普鲁士科学院院士发表就职演说时，曾谈到："凡是想在精密自然科学中寻找一些既伟大又简洁的思想，以及寻找一种包笼万象的统一自然观的人们，只有一个唯一的确定不移的目标。"2013 年到中科大访问的诺贝尔物理学奖得主胡夫特(Hooft)就是一位气质上乘的学者，他在读研究生时就向其导师请求攻克顶级难题，虽然其导师起初也怀疑他是出自好高骛远，在他取得初步成果后又怀疑他的正确性，经过计算机编程的论证后才相信胡夫特是正确的。我想这就是研究生所应有的气质。

古人云："学者，所以复性也。"前辈们把学习作为回归自然的天性，可见对培养良好气质的重视。孔子所说的"学而时习之""人不知而不愠"以及孟子所说的"穷则独善其身"，不就是良好气质的反映么？有良好气质的人才能立志刻苦钻研，长期不懈的刻苦学研过程，反过来又使其气质更坚韧顽强，人也变得更聪慧起来。这说明气质能激发大脑细胞使它兴奋而将其发挥到极致，灵气也就自然而生了。一名学生，即使从非重点大学考来，原来基础较差，但若他有内在的气质，就会十分刻苦自觉地钻研，对一个问题反复地从多方面进行推敲并持之以恒，因此很快能步入境界。所以说，人的气质（秉性资质）部分是天生的，但读书和立志能改善气质。

坚持节操，磨砺品行。气质好的人珍惜时间，也珍惜名声。他们受赞扬而不喜形于色，遭毁谤也坦然不惊，对于名利则淡泊之。内在气质好的人才有可能在科研上有大手笔，这正如胸襟坦荡的人才有可能真正成为大书法家或文豪一类。王羲之坦腹东床的故事不正说明了他的气质非凡么？李时珍舍弃太医院的医官不做而在民间收集整理草药医方，并加以研究写成《本草纲目》，体现出大家风范。王选先生也是一个气质超常的人，我们应向他学习，在科研上写出大手笔。

那么什么是良好气质的基础呢？那就是真诚，“惟诚乃善之基也”。内心真诚的人就不会虚伪造作，就会脚踏实地地去钻研。反之，弄虚作假的人，也许他们能逞一时之能，出一时之风头，得一时之便宜，但只是自欺欺人而已。孔子曰：“一个人立身修行要有羞耻之心。”不真诚的人，就不知人间还有羞耻二字，投机取巧，哗众取宠，以至于剽窃和剥削他人成果还沾沾自喜。这些人有何气质可言？

英国物理学家霍夫曼（Hofmann）在回忆爱因斯坦的一篇文章中写道：“如果要用一个词出神入化地描述爱翁，那就是‘率真’。爱翁自然是世界上公认的气度非凡的人，尽管他常常头发凌乱，一副不修边幅的样子，他的气质是其率真所决定的。”霍夫曼讲了一个小故事：“一次，爱翁突遇大雨，他脱下帽子将其放在衣内，当问及为什么，他说大雨会淋坏帽子，而头发淋一下不要紧。”要知道，当时爱因斯坦已经是名扬全球的伟人，他一点也不掩饰自己的想法和行为，即使这种想法和行为在某些人看来也许是小气或土气。正是爱因斯坦的率真和对自然美的敏锐直觉，奠定了他非凡创造的基础。

中华民族是一个崇尚气质的民族，古人经常强调正气、骨气、豪气、浩然之气。正气是一个大学应有的教学科研氛围，是校风，没有凛然正气，沆瀣之气就会潜入，若不以正压邪，乌烟瘴气将会弥漫。南宋文天祥的《正气歌》“天地有正气，杂然赋流形”，强调树立正气乃是天道。文天祥是一位有骨气的英雄，其“人生自古谁无死，留取丹心照汗青”之名句，豪气贯长虹，激励了多少志士在国难临头时意气风发走上抗日战场！骨气是一个正直文人的基本素质，陶渊明的“不为五斗米折腰”鼓舞了一代又一代的中国文人不媚权贵，使各个时期的不正之风有所收敛。唐代有不少有独特气质的人，如王之涣慷慨倜傥，崔颢刚肠侠气，孟浩然清雅风流、洁身自好，贾岛沉潜刚克，而李白则意兴飘逸，合儒仙侠之为气，他们的共同之处是富有正气。有正气、骨气的人也往往是豪杰，有浩然之气。他们悟出“物与我皆无尽”，心情释然，从而易于融合自然界风神散朗的气象，“惟江上之清风，与山间之明月，耳得之而为声，目遇之而成色”。因此气质好的人其灵气易与山水画卷或音乐韵律相共鸣，往往能取得较大的成果。气质又与个性有关，画家黄宾虹曾写道：“无本即难花叶，无我即无风格。本者，造化也，写生也；我者，个性也，气质也。”所以气质好的科学家常能形成自己独特的风格。爱因斯坦也说：“不深入研究科学创立者的个性发展，当然也可以理解和分析科学的内容。但是在这种片面的客观的叙述中，某些个别的步骤有时候就会被看成是偶然的成功。”

值得注意的是即使是气质优良的人，由于个性不同，命运也迥异。士可杀而不可辱的气质使作家老舍投湖自尽，但能屈能伸的气度却使韩信忍胯下之辱，以图后进。想到老舍等很多具有优秀气质的知识分子在“文革”中“大树倾折”，不禁扼腕叹息。气质好的科学家由于率真而有良心与良知，他们有时不知“变通”，显得执拗，容易受到伤害，他们的科学想法也容易被小人剽窃，但是他们追求真理的精神光照千秋。例如，普朗克在发现能量量子以后数年中，仍不断地验证其正确与否。普朗克的小儿子因反希特勒罹杀身之祸，希特勒发话说只要普朗克向他求情，就可以不杀。但是普朗克绝不向这个“混世魔王”低头，所以铀裂变发现者哈恩说：“普朗克的名字将载入史册，这不仅仅是因为他堪称科学伟人，而且也是因为他的人格：在多次沉重的命运打击下，他依旧没有失去内心的伟大和人的尊严。”人的尊严等同于孔子所说的：“一个人立身修行要有羞耻之心。”我就曾亲耳听过中国氢弹之父于敏先生的教诲：“要像郑板桥咏的竹那样‘未出土时先有节，到凌云处仍虚心’。”

气质好的理论物理学家必有独立人格，他们的新想法与常人不同。因此在酝酿这些新想法时自然要保持人格的独立性，不能人云亦云，趋炎附势，迎合别人的观点。他们也必须有充分的自信心，不怕别人说自己别出心裁，鹤立鸡群。有独立人格的人，并不排斥对别人成果的欣赏与认同，而是英雄惜英雄。

所以指导研究生应从培养他们的良好气质抓起，尤其是培养其对科学的真诚。

学理论物理要“浅入深出”

在以上几篇议论理论物理研究生的素质培养的文章中，我提到了若干学习、研究理论物理的方法，方法是与人的气质密切相关的。一个只想不劳而获或少劳多获的人，永远也不会真正地掌握理论物理方法。记得我校原校长及物理学家严济慈曾教导我们：“教书要深入浅出，学习要浅入深出。”多年来在教育界“深入浅出”这个成语用得较多，也是大众追求的目标；但是对于学习要“浅入深出”，不少学生与研究生感到迷惘，或是根本没有耳闻。注意这里指的学习是广义的，即包含研究的学习。

综观近代物理发展史并结合我自己的科研经验来看，很多理论物理的重大创新成果都来自于“浅入深出”。

爱因斯坦是浅入深出做学问的大师。例如，他从光速不变推出了狭义相对论；从引力质量为何等于惯性质量入手，建立了广义相对论体系。

又如，德布罗意注意到由相对论的质能关系式，可知凡粒子皆有能量；再由普朗克公式，可知能量可关系于频率，有频率皆表现为脉动，而有脉动的粒子就有波动性，所以粒子总是同某种波动性相联系的。据此他导出了 $mv=h/\lambda,\lambda=h/(mv)$ 的重要而深刻的关系，这是浅入深出的生动体现。

狄拉克关于正电子的预言是研究理论物理体现“浅入深出”的又一范例。正如他自己所回忆的：“答案来自数学游戏。我玩弄着三个量——$\sigma_1,\sigma_2,\sigma_3$，我用它们来描述电子自旋。我注意到，如果作出表达式 $\sigma_1P_1+\sigma_2P_2+\sigma_3P_3$（其中 $\sigma_1,\sigma_2,\sigma_3$ 是泡利矩阵，P_1,P_2,P_3 是动量的三个分量），并把它作平方，得到的正好是动量的平方和 $P_1^2+P_2^2+P_3^2$。这是一个非常漂亮的数学结果，看来它必定很重要，它为取得三个平方项之和的方根取线性形式提供了一个有效方法。然而如果我们要想有一个粒子的相对论性理论，就需要四个平方项之和的方根，用这个方法却不行。”狄拉克后来突然想到没有必要死守 σ 量不放，既然他们可以用两行两列的矩阵来表示，那么或许也可以用四行四列来代替，这样就很容易得到四个平方项之和的方根。1928 年 1 月初，他得到了形如 $(P_0-\alpha_1P_1-\alpha_2P_2-\alpha_3P_3-\alpha_4mc)\psi=0$ 的以后被称为“狄拉克方程”的电子波动方程，这对理论物理界有深远的意义。

本人不才，在理论物理的某些研究中也体现了“浅入深出”的规律。我在年轻时看到量子力学坐标表象的完备性 $\int dq \mid q\rangle\langle q \mid = 1$ 后，自然地提出了一个貌似肤浅的问题，即 $\int dq \mid q/2\rangle\langle q \mid$ 等于什么？这个积分怎么做？这个思想引导我发明了“有序算符的积分技术”，把牛顿-莱布尼茨的对普通函数的积分发展到对狄拉克符号的积分，不但深刻地揭示了量子力学数理结构的内在美，而且另辟蹊径，发展了量子力学的表象与变换论，特别是连续变量纠缠态表象的建立，深刻地表述了丰富的量子纠缠现象，可谓浅入深出、推陈出新、别开生面。有关这方面的文章连篇地发表在国际上有影响力的理论物理杂志 *Annals of Physics* 上。

我的《量子力学的不变本征算符方法》一书就是“浅入深出”这条规则最好的实践。我们从海森伯创建矩阵力学的思想出发，关注能级的间隙，同时结合薛定谔算符的物理意义，把本征态的思想推广到“不变本征算符”的概念。这样做似乎是蜻蜓点水、浅显易为，但以往的物理文献却未见有报道。现在想起 80 年前海森柏格和薛定谔关于矩阵力学和波动力学各执一词的争论，难免有“怀旧空吟闻笛赋，到乡翻似烂柯人”的感觉。

以上例子表明，一方面，“浅入”也可以指用很简洁明快的思想切入主题；另一方面，乍看是浅显的东西，往往是抽象的，要“深出”并不易，就像从深邃的海洋中游出来那样有难度。“浅入”的科研工作是别出心裁的，有另辟蹊径、推陈出新、别开生面的效果。“浅入”的科研工作往往会给人一种恍然大悟的感觉，因为它以很简洁明快的思想切入主题；“深出”即指经过努力得到深刻而深远的新结论。浅和深是相对的，某些看来肤浅的东西却意境深远；而深的知识经过“更上一层楼”的思考，也会变得浅显易懂。

以上例子还表明，我们在求学时既不能浅尝辄止，也不能提倡一味地钻牛角尖，这与“浅入深出”的概念不同。

学习的深浅也因人而异，这可以苏东坡的诗为证：

西湖天下景，游者无贤愚。
浅深随所得，谁能识其全。

我本人常觉得自己才气不够，对严济慈老校长教诲的认识难免肤浅，但愿抛砖引玉，希望能引起各位研究生的深入思考。

要重视理论物理的符号

一个科学理论成就的大小，在很大程度上依赖于它的美学价值。这种美不仅是指理论中公式的简练、精确与严密，更重要的是指它具有的尽可能广泛的适用性，即能尽可能广泛地描述物理实在。

科学美往往与科学抽象相辅相成，抽象使理论更为简洁。为了抽象的简洁，人们要引入新符号。利用新符号探求新知识，建立新联系。当新知识形成系统，人们就看到了自然规律，即客观世界的有序性。好的新符号可以协助人们思考，节约脑力，使人产生直觉，走向精确。

一旦新符号站住脚跟，它就有自身的独立存在能力，引导人们创造新的思维模式，发挥比其创造者原先期望的多得多的作用。在本质上属于美学的、直觉的效果。

狄拉克非常注意在发展新理论时采用好的符号，认为撰写新问题的论文的人应该十分注意符号问题，“因为他们正在开创某种可能将要永垂不朽的东西”。狄拉克符号法是一个典范。量子力学与古典力学概念不同，因此必须要用新符号。有了狄拉克符号，它就有自身的独立存在能力，引导我们去想如何由对符号组成的投影算符积分的问题，即符号法与牛顿-莱布尼茨积分如何相容与和谐。我发明的“有序算符内的积分方法”，充分地揭示了量子论的更深层次的美感。这使量子力学的表象与变换得到了发展。

所以狄拉克是大科学家，更是一个科学的艺术家。我们读他的书有“常以艺术探理趣，文章到简方自然”的感觉。物理学家在创造新符号时，他的“心”与“自然”有相感的一种作用。王国维说：“唯美之为物，不与吾人之利益相关系，而吾人观美时，亦不知有一己之利害。”

理论物理研究生如何看书与读文献

研究理论物理，免不了要读文献，有时还需大量地读。只有像爱因斯坦这样的天才在首创广义相对论时，才无什么物理文献可读。科研文献总结了前人的工作成果与专门方法，因此必须要了解以启迪思想，至于了解到什么程度是因人因题而异的。有时文献读多了，反而容易束缚思想而无所事事。所以做理论物理的高手往往是文献读得很少的人。可以断言，一篇引用人物多的文献不会有什么明显的原始创新。当然这里不包含综述性文章。

我读文献往往是“好读书，不求甚解”，这是向陶渊明先生学的，他在《五柳先生传》里写道：“好读书，不求甚解，每有会意，便欣然忘食。”陶渊明所在的年代是晋代末期的士大夫喜欢空谈的风气由盛而衰的时期，所以有的学者认为“不求甚解”的读书方法是他不满于训诂章句的反映。而我读文献不求甚解的意思是指大致了解一下此文作者在讨论什么专题，用了什么方法，得到了什么结果，在不求甚解的基础上追求别有新解。也只有不求甚解才能有所新解，所谓“尽信书，不如无书”。兹举几例加以说明。

20 世纪 60～70 年代，我曾经有机会翻阅狄拉克的《量子力学原理》一书，对于整个量子力学表象与变换理论读来如坠入迷雾，对于如此抽象的理论我不求甚解，却抓住了一个问题：如何实现对狄拉克的 ket-bra 投影算符的积分问题。80 年代，我将此问题解决了，使得牛顿-莱布尼茨积分从一般可对易的被积函数发展到可以对由狄拉克符号组成的算符的积分，也使得表象与变换论有了一个别开生面的发展，进一步揭示了狄拉克符号的美。在此我另辟蹊径，拓展了这一领域。

我在大学期间有一次读数理方程的书时，看到 Hankel 变换，当时对于其变换核——贝塞尔函数——的各种性质了解并不深。我关心的是在量子力学中，哪两个表象之间的变换会是 Hankel 变换。事隔 20 年后，这个问题终于得到了解决，原来是两个纠缠态表象之间的变换对应 Hankel 变换，从而从一个新的角度理解了 Hankel 变换。此上两个例子都说明了不求甚解与别有新解的关系。

人的生命与精力有限，相对而言，文献与书籍浩如烟海，想做到都了解是不可能的。我习惯于能从读文献不求甚解到不用文献，即跳出文献外，做个文献的旁观者，以清晰的思路开展自己有创意的研究。一个研究高手能用直觉感到哪些文献该精读，哪些该浏览，哪些干脆不读；他也能灵敏地发觉哪些书有新意，哪些书是转抄之作；他也能预见到哪些文章能千古流芳，哪些是昙花一现。而这些洞若观火的功夫是长期学习钻研的心得，不是一朝一夕之功。

对于初等的研究生，我也不反对他们亦步亦趋精读若干重要文献，练习基本功。尤其是读那些有艺术美的物理书，能够提高自己的洞察力。但是，必须有一个限度。清代桐城派学者姚鼐(姚姬传)乞终养归里，濒行时，翁覃溪(翁方纲)来乞言。姚曰："诸君皆欲读人间未见书。某则愿读人间常见书耳。"可见"常见书"的精读比泛读文献更重要。什么时候能摆脱文献的羁绊，什么时候就是创新的起点。数学家希尔伯特曾在一次讲演中问道："你们知道为什么爱因斯坦能够提出当代关于空间与时间的最富有创造性和最深刻的观点吗？因为他没有学过任何关于空间和时间的哲学和数学！"

年轻的研究生们，努力啊！

理科研究生如何读文献

科研文献总结了前人的工作成果与专门方法，因此有必要了解它们以启迪思想，至于了解到什么程度是因人因题而异的。一般认为，鉴于博士论文的创新必须基于对所研究领域的国际同行工作的全面了解，需要阅读大量论文（一般需 1～2 年时间），才能了解本领域的研究前沿和同行的研究方法，随着阅读的不断深入，才能渐入佳境。那么理科研究生到底平均要花多少时间去读文献呢？其效果又如何呢？

我和研究生培养处的工作人员，带着这些问题专门走访了一些研究成果丰硕的教授，请教他们对研究生读文献如何把握尺度的看法，经验丰富的教授们为我们提供了以下调研模式和调查结果（表 1）。

表 1　理科研究生文献阅读调查结果

<table>
<tr><td colspan="2">学制年限（年）</td><td>硕 2～3</td><td>博 1～2</td><td>博 3</td></tr>
<tr><td colspan="2">人数（人）</td><td>30</td><td>20</td><td>10</td></tr>
<tr><td rowspan="2">读文献所需时间的人数分布</td><td>半年者</td><td>12</td><td>8</td><td>4</td></tr>
<tr><td>1 年者</td><td>18</td><td>12</td><td>6</td></tr>
<tr><td rowspan="3">文献来源种类的人数分布</td><td>1. 导师教授给出明确文献者</td><td>22</td><td>13</td><td>4</td></tr>
<tr><td>2. 学生能主动搜索文献者</td><td>5</td><td>2</td><td>6</td></tr>
<tr><td>3. 盲目读文献者</td><td>3</td><td>5</td><td>0</td></tr>
<tr><td rowspan="5">读文献的效果的人数分布</td><td>1. 读了文献不知所云者</td><td>10</td><td>2</td><td>0</td></tr>
<tr><td>2. 读了文献再找文献追溯本源了解以往全部文献者</td><td>8</td><td>7</td><td>2</td></tr>
<tr><td>3. 认为多调研文献束缚思想者</td><td>2</td><td>1</td><td>2</td></tr>
<tr><td>4. 能在文献中找到漏洞与不足并悟出可写题目者</td><td>4</td><td>6</td><td>5</td></tr>
<tr><td>5. 读了不少冤枉文献者（指一点用也没有）</td><td>6</td><td>4</td><td>1</td></tr>
</table>

续表

学制年限(年)		硕 2～3	博 1～2	博 3
人数(人)		30	20	10
读文献的过程的人数分布	1. 题目从读文献中悟出而非导师给予者	6	4	2
	2. 事先有题，读文献仅为了看看别人是否也做过者	10	4	2
	3. 自己能通读文献，无需导师指导者	9	9	3
	4. 既能走马观花读文献又能精读者	5	3	3
对读文献量的看法(多好还是少好)的人数分布	多	21	14	5
	少	9	6	5
读文献感到收获明显者的人数分布	1. 弄懂文献的基本点与重点者	20	4	2
	2. 学到了技巧或方法者	4	10	3
	3. 启发了思想者	6	6	5

根据调查，得到的初步结论如下：

1. 年级越高，有一定研究经验的博士生认为读文献花的时间原本不应那么多，一些文献看了并没有用。

2. 年级越高，依赖导师读文献者越少。

3. 年级越高，读文献的效率越高。甚至个别人认为多调研文献会束缚思想。科研基础较好的学生会减少阅读文献的量。

4. 年级越高，在读文献的过程中越能积累技巧，既能走马观花读文献，又能精读者增多。

5. 年级越高，越懂得读文献最要紧的是启发思想。

有个别教授指出了一个与我不谋而合的观点，他认为有时文献读多了，反而容易束缚思想，阻塞学生们自己的创新思路，而作不出高水平的论文，这种情况宛如苏东坡被其侍妾朝云取笑为“一肚子不合时宜”。所以做物理研究的高手往往是文献读得很少的人，如爱因斯坦、狄拉克等。有一次，爱因斯坦与助手英费尔德一起进行一项计算，其中一些公式在许多参考书上都有，英费尔德提议说：“我们查阅一些书吧，那样可以省去不少时间。”但是爱因斯坦继续埋头计算，并说：“这样更快，我已经忘记怎样查书了。”只是在这项工作结束写成论文投稿前,英费尔德要去查一下文献以便引入以前有关的论文,爱因斯坦才大声笑道:“对,一定要查一查,在这方面,我的过失太多了。”至于狄拉克,人们这样评价:“他是能够完全独立工作的极少数科学家之一,如果他有一个图书馆,他可能连一本书和期刊都用不着。”

因此我们姑妄言之,一篇文章中文献引得很多的人,此文不会有明显的原始创新。当然这里不包含综述性文章。

读文献的目的是积学以储宝,酌理以富才,研阅以穷照。从追求彻底了解的阅读到不求甚解的阅读,是一门技巧,“此中有真意,欲辨已忘言”,愿年轻的研究生们在自我的修炼中逐渐体会!

理论物理学家的慧眼与雅量

慧眼识人意指通过面相和言行看透他人。“路遥知马力，日久见人心”，说的是知人需要时间考验。而科研上的慧眼识人只需看他的一项工作即可。例如，爱因斯坦看到泡利关于相对论的文章后，频频地说：“什么，这是一个大学生写的？我不信！”他马上给泡利写信，发自内心地赞美道：“我没有夸奖过一个费尽九牛二虎之力才对我的相对论有深切了解的人。可是，对你，实在有点不同，你仿佛天生就了解相对论。”后来在1945年，泡利因发现量子力学的不相容原理而获得诺贝尔物理学奖，其提名人就是爱因斯坦。

光有慧眼还不够，此人还需有雅量才可能去推荐同行。雅量指宽宏的气量。魏晋时代名士们的雅量是要求注意举止、姿势的旷达、潇洒，强调七情六欲都不能在神情态度上流露出来，在遇到喜怒哀乐等方面的事情时神色自若，应付自如。而我在这里说的雅量是指不怕别人在业务上超出自己的肚量。宋朝的欧阳修不但真诚推荐苏东坡，而且自己更加用功，以“后生可畏”来鞭策自己。

有成就的理论物理学家往往是英雄惜英雄，爱才、怜才，他们“平生不解藏人善，到处逢人说项斯”。爱因斯坦曾推荐玻色(Bose)的文章，也赞扬过德布罗意的文章，不但显示了他的慧眼识人，也表明他有雅量。

回忆民国时期，蔡元培推荐徐悲鸿、林风眠，后来徐悲鸿推荐齐白石、傅抱石，吴昌硕推荐潘天寿，徐悲鸿和吴昌硕不担心同行画工超越自己而抢了自己的生意。

我曾有幸得到理论物理学家、两弹一星元勋彭桓武的青睐，我的提职申请也是经他审核同意的，他也向我校洪平顺提及我的业务水平，可见老一辈物理学家的胸怀与慧眼。(插图是彭桓武先生赠送给我的明信片。)

有雅量的物理学家不与年轻人争名。一次，费曼与一同事用理论来分析一个实验结果，几分钟内他有了一个主意，他把这一理论描绘在黑板上，认为有把握解释这个实验。他的同事认为这是一种简洁、直观而漂亮的理论，马上着手深入工作，并写下了论文的第一段。就在这时，他看到了邮来的两个英国年轻物理学家写的文章的预印本，这篇文章给出的理论与费曼写在黑板上的相同。当费曼知道这事后，他的脸上掠过一丝失望，但这只有一秒钟，马上他的失望消失了，说道：“看，如果处于不同地方的两个人想到了不同的问题，但得到了相同的结果，那么它肯定是正确的。”这个理论后来以这两个英国人命名，而费曼并没有去争这个发明权。

彭桓武先生赠送的明信片

有雅量的物理学家胸襟磊落，对于科研中的错误也敢于道歉。20 世纪 40 年代中后期，物理学家十分关注量子电动力学中由于电子和它本身的电磁场相互作用所引起的物理效应(谱线的精细能级移动)，其中包括费曼、施温格和朝永振一郎。当费曼得知外斯考夫等关于电子在氢原子中相互作用能的微弱变化的计算结果后，也独立地进行了计算，他的结果与施温格相同，但与外斯考夫的结果相悖。外斯考夫与他的合作者因此不敢去正式发表他们的论文，因为费曼与施温格都是赫赫有名的理论物理学家，他们的计算功力在全世界首屈一指，如果他们两人的独立计算结果吻合得天衣无缝，一定是自己算错了。于是外斯考夫开始重新计算，但是找不到错。不知不觉一年半过去了。一天，外斯考夫接到费曼打来的电话，说他和施温格都犯了同样的错误，而外斯考夫等的计算是正确的，费曼为此表示道歉。他在 1949 年《物理评论》第 76 期的一篇论文中写了一个脚注：“作者为他的一个计算错误而偶然导致外斯考夫等的结果推迟发表而感到不安。”

世俗社会中兼有雅量和能识别、爱惜人才的人不多。例如，发现多普勒效应的多普勒并不为当时的社会看好，他的一个朋友替他打抱不平，愤然言道："很难想象奥地利会出现这样一位多产的天才。我给很多人写信反映此事，为了多普勒本人，为了科学，不要给他过多的负担。但很不幸，多普勒还是因劳累过度而去世。"我国封建社会也曾埋没了不少英才。明朝的书法家祝允明在悼念亡友唐伯虎的文章中写道："造化孕育一个英灵，大约需要几百年的时间，气化英灵，大略数百岁。"清代的龚自珍在凭吊数学家黎应南的诗中写道："科名掌故百年知，海岛畴人奉大师。如此奇才终一令！蠹鱼零落我归时。"对于清政府没有充分发挥其才能深表痛惜。

如今有的单位仍然有瓦釜雷鸣、金钟毁弃的现象，孤芳的金钟在瓦釜帮的轰鸣声中只好"偃旗息鼓"了。一些优秀的科学家在形式主义的羁绊中无端浪费了很多时间，从而减少了他们对祖国科学的贡献，令人扼腕叹息。

理论物理学家的治学目标

人之一生，如想明白度过，当从年轻治学时就有一个目标。清代曾国藩认为，治学以“挺然特立，做第一等人物”。从事理论物理治学的目标就是争取做一个一流物理学家，名副其实，就是起码有一个物理理论和方法上的重要发现，其精华能融入教科书或物理史，有长远的科学价值和普及的教育意义。

虽然心中有这样的目标，但是不能记挂着它，正如清代龚自珍所写的诗句“避席畏闻文字狱，著书都为稻粱谋。田横五百人安在，难道归来尽列侯?”从事理论物理的人辛苦一辈子，到头来也不一定能在科技的功劳榜上“列侯”。理论物理学家还有一个治学目标，那就是为了师表。龚自珍有诗道：“河汾房杜有人疑，名位千秋处士悲。一事平生无齮龁，但开风气不为师。”“一事平生无齮龁”意思是说：我生平只有一件事，没有人能拿它来当作攻击我的借口，那就是我只以著书立说来开启一代风气，从来不收学生或以老师的身份自居。爱因斯坦科研一生，没有带过一个研究生，但他开创了多学科的重要理论课题，发明了多种理论物理方法，堪称“但开风气不为师”。

在孔子看来，学习目标还是纯洁一点好，如“学而时习之，不亦乐乎?”所说为学问而学问，在求学中得到乐趣，胜过把读书当作敲门砖，胜过读书为了找职业，为了升官发财。所以我们搞理论物理的人，只要能陶醉于理论物理的美，能揭开物理美的一角，就不枉为了人生。

诗人比兴与理论物理学家的灵感佑护

理论物理创新论文的酝酿颇有些类似于诗的创作,都要体现美,前人在这个“诗”题上已有了熠熠生辉的作品,后人就要注意另择题目了。

唐朝时,刘禹锡、元稹、韦庄与白乐天(白居易)比兴,他们同赋一题《西塞山怀古》。刘禹锡诗先成,乐天览之曰:“四人共探骊龙,君已得珠,余皆鳞爪矣。遂罢唱。”刘赋的诗即现代人熟悉的“王濬楼船下益州,金陵王气黯然收。千寻铁锁沉江底,一片降幡出石头。人世几回伤往事,山形依旧枕寒流。从今四海为家日,故垒萧萧芦荻秋”。

我曾有幸和余之松、胡利云攀顶湖北黄石西塞山,俯瞰长江,江水绕此山转了个弯,好气势。想到当年吴国在此铁锁横江,以为天险,却也没挡住王睿火烧铁锁,以摧枯拉朽之势灭吴,刘禹锡的诗抚今追昔,真的是好。而更令我有所感触的是白居易这样的大诗人居然欣然认输,自己不再写了,就像在登黄鹤楼时李白读到崔颢的诗就刹笔一样。唐朝诗人见到别人的好诗而能由衷佩服,其胸襟可揽日月,他们之间的相互尊重传为佳话。同样宽广的胸襟量子力学的创始者狄拉克也有,狄拉克说:“我有最好的理由作为海森伯的赞美者。他和我差不多同时研究同一个问题,在我失败的地方他成功了。他从当时大量积压的光谱数据中发现了处理它们正确的方法,从而开创了理论物理的金色年代。在这以后的几年里任何二流的学生轻易地可以做出一流的工作来。这以后我运气很好,随他一起旅行。”

联想到我们研究理论物理,却不能认为名家或大师已经在某课题上开了头,有了好结果,就不能再做什么,以致束手束脚,不敢再深入细致地想下去。

以我自己为例,眼见得狄拉克早在1926年发明了量子力学的符号法,建立了表象理论,而我还是在40年以后想要去发展它,并没有“眼前有景写不得,崔颢题诗在上头”的“自惭形秽”。经过多年的理论思考,终于发明了“有序算符内的积分技术”,发展与丰富了符号法,我的理论已成为狄拉克符号法的有机组成部分。

如此说来，研究理论物理与作诗还是有不同的，诗人在看了别人的好诗后，往往不会在同一诗题上再有诗兴，而搞科研仍有“智者千虑，必有一失”的心理，当然这是需要愚者的百倍努力才能觑到的。

另一感触是，倘若是白居易在刘禹锡前先赋一诗《西塞山怀古》，那么白居易的诗也许别有新意，成为千古绝唱也不是没有可能；倘若李白登黄鹤楼时没有读到崔颢的诗，他也许会作出更好的诗。但是他们读了别人的诗后，就有了思想束缚，难以下笔。这是我们研究理论物理时应该注意的，即掌握好看文献的分寸，佑护自己难得的灵感，避免它在萌生时受到干扰而夭折。

范洪义在西塞山留影

比较杜甫的《客至》和路易士的《傍晚的家》
——给理论物理研究生的启示

2010年春节的一日，有一研究生来给我拜年，三句话不离本行，我就谈起学物理的人也要看些文学作品，以提高研究人员的联想和想象能力，这对于做理论物理研究尤其重要。生曰：可否举一例说明？我就举唐代著名诗人杜甫的一首诗《客至》：

舍南舍北皆春水，但见群鸥日日来。
花径不曾缘客扫，蓬门今始为君开。
盘飧市远无兼味，樽酒家贫只旧醅。
肯与邻翁相对饮，隔篱呼取尽余杯。

和美籍华人诗人路易士的一首诗《傍晚的家》：

傍晚的家有乌云的颜色，
风来小小的院子里，
数完了天上的归鸦，
孩子们的眼睛遂寂寞了。

晚饭时妻的琐碎的话——
几年前的旧事已如烟了，
而在青菜汤的淡味里，
我觉出一些生之凄凉。

请学生作比较，并说著名女作家张爱玲十分欣赏路易士的这首诗，认为它："太完全，其最好的句子全是一样的洁净、凄清，用色吝惜，有如墨竹。眼界小，然而没有时间性、地方性，所以是世界的、永久的。"

学生在经过一番仔细比对后说："这两首诗虽然都反映了这两位诗人生活的单调、闲逸和寂寞。但杜甫的诗率真脱俗，眼界大，春水漫漫的草堂南北，给人以烟波浩渺之感。成群鸥鸟不期而至，不仅点出环境的水天一色，也暗示鸥鸟把草堂的主人视为淡泊江湖、融合自然的伴侣。而路易士的诗却只给读者乌云返照下一个小小的院子，爱唠叨的女人，可数的归鸦，唯一来光顾的风夹杂着琐碎的话，眼界确实小。再者，路易士的诗只从青菜汤的淡味，感触人生之凄凉。而杜甫的诗用‘春水’‘群鸥’为意象，渲染出一种欣欣向荣的生活氛围，清苦中自得其乐。尽管家贫，家偏，交通不便，买不到更多的菜肴，但有旧醅可知足常乐，并用隔篱呼取尽余杯表露出主人公贫而好客和慷慨质朴的惬意。在与邻翁对饮中体验‘古来圣贤皆寂寞，唯有饮者留其名’的豪放与逍遥，这就将日常生活的门可罗雀与接待客人的忘忧陶醉形成对比。所以，路易士的《傍晚的家》在意境上比不上杜甫的《客至》。”

我为学生有如此的鉴赏力而感到高兴，再告诉该生，杜甫既是“语不惊人死不休”的诗人，也是写对称连句的圣人，他的名句“花径不曾缘客扫，蓬门今始为君开”含义广瀚，今天我们可以将它理解为：在科学的园地里，当我们走在未曾扫过的花径上，只有靠自己的努力才能发现科研的“蓬门”并打开它。我们搞科研写论文，也应有“文不惊人死不休”的抱负。

生曰：“诺，先生能把这两首历史地理人物跨度都很大的诗联系起来，本身就是慧眼独具，使我悟出了什么是想象力。”我答曰：“非是我有什么慧眼，只是多爱看、多比较、多联想而已，这样的训练多了，就养成了习惯，脑子的运作便渐渐加快了，所谓‘静谧灵感源，涌思脑海舟’。”而脑子转得快，则表现为：

一目可十行，百文归一系。
写作繁从简，计算偶出奇。

这些是理论物理学家的基本素质。

理论物理研究生的培养过程
——从“自疑不信人”到“自信不疑人”

我认为从事理论物理研究的研究生的成长一般都要经历一个“自疑不信人，自信不疑人”的过程。

狄拉克是个理论物理学家，当他在 1935 年第一次看到海森伯关于谐振子量子化的论文时，就认为此论文的关键是对易关系 $[Q,P]\neq 0$，他怀疑这是经典泊松括号的对应，并且觉得海森伯的结果应有更好的方法处理，实际上他进入了“自疑不信人”的阶段。在经过艰苦卓绝的脑力劳动证实了泊松括号确实是 $[Q,P]=\mathrm{i}\hbar$ 的对应以后，狄拉克就到达了“自信不疑人”的境界。爱因斯坦另辟蹊径创建广义相对论时也处在“自疑不信人”的阶段，后来当他得知天文学家的观察证实了他的理论后，他明显地表现出了“自信不疑人”，他说如果实验观察与他的理论不符，他只能为亲爱的上帝感到遗憾。

“自疑不信人”是一种难能可贵的科学精神，当普朗克发现量子后，他还怀疑自己的成果长达 15 年以至于想把量子论纳入经典论的范畴。即使“自疑”错了，也会有所收获。还是这位普朗克大师，在感叹“这个量子显得非常顽固”后说：“企图使基本作用量子与经典物理调和起来的这种徒劳无益的打算，我持续了很多年(直到 1915 年)，它使我付出了巨大的精力，我的许多同事们认为这近乎是一个悲剧。但我对此有不同的看法，因为我由此而获得的透彻的启示是更有价值的。我现在知道了这个基本作用量子在物理学中的地位，这比我最初所想象的重要很多，并且承认这一点使我清楚地看到，在处理原子问题时引入一套全新的分析方法和推论方法的必要性。”

独创需要“自疑不信人”，先要自我质难，自己跟自己过不去。我本人的治学经验也是如此，当我在 1966 年第一次想到坐标表象中 $\int \frac{\mathrm{d}q}{\sqrt{\mu}}|q/\mu\rangle\langle q|$ 这个积分时，我怀疑这个积分是否能真正实行，我不相信狄拉克的 q-数理论是没有发展空间的。1966 年到 1978 年的摸索阶段是我“自疑不信人”的阶段。在经历无数次失败的尝试后，我发明了“有序算符内积分技术”，从而进入了“自信不疑人”的阶段。

我坚信自己创造的方法是正确的、有用的，并有长期的实用价值。我对有些还不了解我的理论的同行也不勉强、不质疑，顺其自然。

一个人的科研水平越高，“自疑不信人，自信不疑人”的态度就越明显，表现在他对问题的洞察力越强、解决问题的方法多样化等方面，所以对自己研究结果的自信心也就越坚定。

总之，科研上的“自疑不信人，自信不疑人”是一个过程、一种锤炼、一种境界，是一个科研人员成熟的标志。在某种程度上来讲如孔夫子所说的：“……四十而不惑，五十而知天命……七十而从心所欲，不逾矩。”

古人曰：“使人信己者易，而蒙衣自信者难”，能有“自疑不信人”到“自信不疑人”的体验是宝贵的，我当与学生们共勉之。

理论物理专业研究生培养之阶段论

对物理专业研究生(理论型或实验型)的培养是一个很艰辛的过程,此中的甘苦不但研究生知,其导师也心知肚明。

总结多年来指导研究生的经验与教训,我以为他们的成长,从只有些大学物理的知识到能独立从事科研,可以大致划分为六个阶段。这种划分当然不能刻板地看,而应该灵活地看,即各个阶段之间的界限并不是十分清晰的,相反,界限是模糊的。

研究生进阶的第一阶段是补上专业基础知识,如"高等量子力学""群论""量子光学"等。这一阶段以吸收知识为主,几乎是兼收并蓄。避免质疑书本知识,诚如一个儿童,能专心听成年人讲故事,并且是津津有味地听。汲收知识本身需要思考与欣赏,也孕育了创新,把别人的知识消融为自己的,这也是一种创新的思维。研究生的气质、聪颖程度不同,其所融化的知识的精度与广度也不同,这关系到他们将来能否熟练地应用知识。

研究生进阶的第二阶段是把所学的知识灵活运用。譬如说,很多人都学了微积分,学了复变函数,但是将来能否娴熟地应用,就取决于对这一阶段所学知识的掌握是否灵活、是否深刻。我在科研中,能将牛顿-莱布尼茨积分推广到对狄拉克符号组成的 ket-bra 算符积分,提出并解决了很多量子光学与量子力学的新问题,就得益于在这一阶段的修炼中得到了上乘的功夫。

研究生进阶的第三阶段是质疑(求惑)。古人云:"尽信书不如无书。"例如,生在地球上就怀疑地球到底是圆的还是方的(太阳从东边慢慢地爬上来暗示了地球是圆的),大海的潮汐为什么有周期性,为什么不同地方潮汐来的时间不同;$\int \mathrm{d}x\,|x/\mu\rangle\langle x|$ 能积分吗?一般来说,一个全新问题的提出与以往的理论和知识是没有太多逻辑关联的。因此提问本身就属于创造的范畴,它不同于一般因果链式的理性思考,而通常体现为一种灵感突现。在经历了以上两个阶段以后,研究生已经有了充分的专业知识背景和灵活运用知识的能力,现在需要的便是鲜明的问题意识了,能够质疑和发现新问题就是一种能力的体现。

研究生进阶的第四阶段是悟道(解惑反另辟蹊径)。例如,看到潮汐能悟出月亮对地球的吸引力吗?这一阶段已到了解决问题(解惑)的时候。如何由现象窥及本质,如何从具体问题出发抽象出解决问题的理论?这就更需要一种顿悟式的直觉了。找到解决问题的方式后局面是焕然一新的,那就有一种恍然大悟的感觉,既往的知识在此可以加以发挥应用,然而这些知识此时却都呈现出全新的面貌,拈花折叶,无不入妙。王国维提出做学问有三境界,最后一个便是悟道的境界,即所谓"众里寻他千百度,蓦然回首,那人却在灯火阑珊处"。这里有必要作一下区分的是,古人的开悟所要悟出的那一种东西,往往都是前人悟出过的,后人只需遵循一定门径修行即可以见道,但是科学上的创新和发现往往是前所未有的。

研究生进阶的第五阶段是由点到面的推广,即推陈出新、别开生面。另外还需立言,把学识精练化、抽象化、简单化,把美揭示出来。

研究生进阶的第六阶段是回到无知。就像狄拉克在年迈时谦虚地说自己一生并没做什么一样。

年轻的理论学家陈俊华人才难得

“诗家清景在新春，柳色才黄半未匀。若待上林花似锦，出门俱是看花人。”这首唐诗告诉我们发现人才要在其“柳色才黄半未匀”时。

石刻

科大00班出身的陈俊华是难得的物理人才，他才、学、识兼备。我从他身上总结出：一个有理论物理天赋的人，一般具有六个方面的素质：

1. 根据实验结果，能建立恰当的理论模型，并给予较完美的解释。陈俊华就有这样的天赋。例如，他与美国教授本德(Bender)通过研究非厄米性的哈密顿系统，解决了李政道模型中的鬼态及非厄米性问题。

2. 能把数学与物理知识融会贯通。一方面，在建立理论模型后，充分而娴熟地应用数学解决问题；另一方面，在进行数学运算时，能把物理概念引向深入。例如，他曾与我一起建立了无穷深势阱在两个壁垒都能移动的情况下的有关压缩机制。

3. 能在物理理论的计算中出奇招。例如，他在使用多维的“有序算符内的积分技术”时，充分利用矢量的分解性质简化被积函数是矢量函数的积分问题；又如，他在建立四元数相干态时，抓住四元数的本质，导出了不少新的重要的积分公式。

4. 能够以宏观的物理眼光，以多角度分析问题。即在处理一个实际问题时，能同时运用量子力学、统计力学、对称性理论、量纲分析多种手段进行讨论。而且他的计算数学、图像处理能力也很强。例如，他曾用古典力学、量子力学、统计力学、对称性等理论从多个角度解释抗磁性的起源。

5. 陈俊华处理物理问题能抓住本质。他能简化一个看似复杂的问题，又能在貌似简单的问题中看出不平凡、引向更深刻的物理内涵。例如，他和我共同用不变本征算符方法给出了一般二次型玻色子、费米子哈密顿量的能谱。

6. 陈俊华有攻克难题的本领。任何理论物理课题他都上手快，数学推导迅速。例如，他和我一起发表了有激光熵的演化的文章。

陈俊华处世淡泊，少言寡语，知道江湖风险而趋避之，所以知他者鲜。但是他却是个内心世界很丰富的人，这可以从他的藏书量与藏书种类中看出。

陈俊华是匹“千里马”，是“骏中之骏”，是我几十年的教学中难得遇到的好学生。

读清代塾师的备课笔记兼谈指导理论物理研究生

近重阳日，余在旧书市上购得一册手抄簿本《窗课草稿》，材质是粗糙的宣纸，用草绳系上，可是价格不菲。余和旧时读书人有惺惺相惜之感，随即买下。书是辛丑年(1901 年或 1841 年)所写的，书法工整。封面上“稿”字写法与如今不同，为“高”在上“禾”在下，应该是清代人的写法，我初看时并未认出，后来是根据前面三个字的连读才悟出的。《窗课草稿》应该是某塾师于辛丑年的备课笔记，为未进学的童生而备。我饶有兴趣地翻阅此册，觉得古人的备课十分认真。

书中先是介绍了一些生僻汉字的发音、含义及用法，如注“皑”字为“音艾霜雪白也”，又注“甦”字为“音蘇復生也”。然后书中列出了一系列对联，可能是该塾师自作，如：

男儿胸内五车书

圣人心中一贯道

可见对于学生的培养既要求高才，又要重人品。做学问，当先学做人，心中常以圣人为楷模。另一对联为：

勿谓才疏当日积月累以求贯通

须知心纯在年深时久而底精一

这副对联指出了学问在日积月累中要自成贯通体系，而不是死记硬背，囫囵吞枣。此联更指出了学习要心纯，专心与心静不是一朝一夕，而要年深时久养成习惯，才能打好扎实基础。这对理论物理研究生的培养颇有启迪，希望他们以此联为座右铭。

《窗课草稿》的最后一部分内容是诗，许是他自作，这里录一首：

赋得麦秋至

孟夏清和候，田园百穀秋。

离离惟麦至，户户乐禾收。

全仗甘霖力，俱凭瑞露优。

两岐盈陇亩，九穗满田畴。

皆熟纵横喜，同登远近讴。
童叟方鼓腹，帝泽大江流。

诗中充满了对自然的热爱、对丰收的喜悦及对老天爷的感恩，使余想起南宋文人朱熹的一首诗：

川源红绿一时新，暮雨朝静更可人。
书册埋理何日了，不如抛却去寻春。

这是教学生们不要做书呆子，而要劳逸结合，天人合一。余以为这样高水平的私塾老师，若遇勤奋的学生，就是珠联璧合，人才必能脱颖而出也。

理论物理学家谈科学污点

物理学家应该是秉性诚实的人，因为他直接与自然对话，自然界拒绝矫揉造作、弄虚作假。诚实的人才会治学严谨，对科研结果敢于负责任，对则坚持，错则公开勘误或向读者致歉。在康德的墓碑上刻有人类思想史上最气势磅礴的名言之一："有两种东西，我对它们的思考越是深沉和持久，它们在我心灵中唤起的惊奇和敬畏就会越是日新月异，不断增长，这就是我头上的星空和心中的道德定律。"理论物理学家尤其敬畏心中的道德定律，因为他的每一步推导都是心路历程，一丝作假就是先自欺，后欺人。

理论物理学家在探索的过程中也难免出错，如果是其科研假设最终与实验不符，那只是前进中的错误，是可以允许的。但是，当错误低级到连大学生都不会犯时，那不是犯错误的人基础太差却还要在科技界沽名钓誉，就是他故弄玄虚，以错充对，哗众取宠，炒作新闻，达到名利双收的目的。

诺贝尔物理学奖得主盖尔曼认为：一个物理学家发表一个错误的观点将在自己的科学生涯里留下洗不掉的污点。他指出，一个理论物理学家的洞察力将由他所发表的正确观点数目减去错误观点数目，甚至减去错误观点数目的两倍来衡量。

盖尔曼对基本粒子的分类有特殊的贡献，从而获得了诺贝尔奖。业余时间他痴迷于鸟类观察，也许是鸟的分类给了他灵感，进而找到了基本粒子的分类方法。在他看来，错误的观点是鸟的粪便，因缺乏基本功而犯低级错误的所谓物理学名家是沐猴而冠，读其错误文章如同闻到令人窒息的鸟粪味，令人喷饭。

一个脚踏实地的严谨的理论物理学家不但洁身自好，不容科学污点沾身，而且谢绝虚名。请看以下费曼是以什么理由拒授名誉博士学位的：

1967年，即费曼得到诺贝尔奖两年后，芝加哥大学校长写信给费曼，要在大学的建校75年纪念日上授予他名誉博士学位，并要求他亲自出席该仪式。费曼回信说：

"你是在我一生中遇到的第一个提出授予我荣誉学位的人，感谢你考虑这件事。不过,我记得我在普林斯顿得到真正的学位是由于我的研究工作,而与我在同一个平台上获得名誉学位的人并没有做研究工作。所以我觉得'一个荣誉学位'降低了'学位是证实完成了一定的研究工作'这样一个要求,它好像是授予一份'名誉电工执照'。当时我曾立誓将来我若碰巧被授予这样一个名誉学位时我将拒绝接受。25 年之后,我终于得到了你给我的这个机会来实现我的誓言。因此,感谢你的盛意,但是我不想接受它。"

在学研中以求真——察微、存疑、慎断、崇实、贵确——是我 50 年来的探索写照,愿与研究生共勉。

物理学家智慧的体现与层次

首先我要指出的是，物理学家的智慧与《孙子兵法》中的智慧有所不同，《孙子兵法》中的智慧主要是一种机变，旨在战胜对方。而物理学家的智慧则主要是一种直觉。《道德经》有言："道可道，非常道"，老子之"道"的意思是：能说出来的道，就不是永恒的道。老子之道主要用于社会科学之中，而"道"和"理"合在一起就是"道理"。因此我在自然科学方面补上一句："理推理，趋实理"，与《道德经》的首句正好构成一联。这里的"理"是指自然科学的一种理论，是人的智慧推出来的，而不是指陈朱理学所说的理，所谓"趋实理"就是慢慢走向与实验相符合，最终为实验所检验的理才是真理。

首先谈一下物理学家的智慧体现在哪几个方面。

大智若愚

物理学家处理的重要问题一般来说很基本，甚至看似可笑，但并非想当然。借用王安石的一句诗来形容就是："看似平常最奇崛，成如容易却艰辛。"举几个例子来说：牛顿看到苹果落地就考虑这件事的原因是什么。爱因斯坦在年少的时候就曾有这样的奇想：人骑在光线上去旅行会看到什么现象？再比如还有一些问题：热是什么？光的本性是什么？海水为何发蓝？这些问题似乎都很可笑，但却都是最起码要解决的基本问题。我在看电视节目《动物世界》时，曾问自己为什么北极熊的皮毛是白色的。我们可以从生活中的现象想象物理学上的很多基本问题。因此物理学家是聆听自然脉搏的音乐家，描绘自然规律的画家。但是又有不少问题是躲在人的生活常识后面的。

由表及里，去伪存真，挖掘佯谬

由表及里。这其实是一种抽象的功夫，狄拉克说："在研究时应具有抽象的能力。"物理学家从现象中定义物理量就需要抽象的功夫。例如，为解释热现象，抽象出熵(entropy)的概念，即 $S=\mathrm{d}Q/\mathrm{d}T$，代表混乱的程度；伽利略从速度抽象定义出加速度的概念，即 $\boldsymbol{a}=\mathrm{d}\boldsymbol{v}/\mathrm{d}t$。

去伪存真。举个例子来说，海水的颜色为什么是蓝的？在印度科学家拉曼(Raman)以前，人们认为这是由于天空是蔚蓝的，所以海水被其映照为蓝色。而拉曼不为表面现象所蒙蔽，他认为海水呈蓝色是由水分子与光量子的散射引起的，而不是以前普遍认为的因为蓝天的光线经过水波反射所致。也就是说入射光导致介质分子(水分子)的能态发生变化，使散射光子频率不同于入射光子。他的工作开了分子光谱的先河，也从一个侧面证实了光的量子理论。

挖掘佯谬。爱因斯坦是一个挖掘佯谬的高手，1935 年他和另两个人合作，从物理实在的理念出发批评哥本哈根学派的量子理论描述是不完备的。只有思想深邃、逻辑严密的人才会发现佯谬。

见微知著

举一个我自己工作的例子：对 $\int \mathrm{d}x\,|x/2\rangle\langle x|$ 积分。这个问题很基本，从数学上引导了积分学发展的一个新方向，在物理上有广泛的应用。

联想能力与隐喻(即想象力)

左右逢源的关联，举一反三的思索，似曾相识的暗示，如电影蒙太奇手法，适时地切换表象，以达到新的境界。举例如下：

德布罗意的“领航波”理论，他把原子看作某种乐器，乐器的发音有基音与泛音，他又从青蛙跳水形成的水波圈，联想到电子的运动伴随某种领航波，n 个波正好嵌在圆内，即 $2\pi r_n = n\lambda$，当他把电子动量 $p=h/\lambda$ 代入 $2\pi r_n=n\lambda$ 时，就得到了玻尔量子化条件 $nh=2\pi r_n p$。另一个例子是汤斯(Townes)的“脉泽”，氨分子激光器。通常的无线电器件只能产生波长较长的无线电波，若打算用这种器件来产生微波，器件的尺寸就必须做得极小，这是很难的事，以至于无实际实现的可能。但是汤斯一直想象着能有一种产生高强度微波的器件。一天他突然想到，如果用分子而不用电子电路，不就可以得到波长足够小的无线电波吗？汤斯设想通过电或热的方法，把能量泵入氨分子中，使它们处于“激发”状态。然后再设想使这些受激的分子处于具有和氨分子的固有频率相同的微波束中，那么一个单独的氨分子就会受到这一微波束的作用，然后以同样波长的微波形式放出它的能量。这一能量会继而作用于另一个氨分子，使它也放出能量。这个很微弱的入射微波束对氨分子的作用相当于对一场雪崩的促进作用，最后产生一个很强的微波束。

融会贯通的能力

能将物理学的四大力学熔于一炉，好的物理学家对同一问题可以从不同的侧面来看，这正如毕加索将从各个角度看到的象集中在一个画面上一样。

巧解难题

一个好的物理学家要自己创造数学，不要靠数学家来教你。举两个例子来说：普朗克对于黑体辐射图谱的高、低频的不自洽，用数学内插法导出辐射公式发现了 $\hbar$；我发明的"有序算符内的积分技术"。

调和矛盾的智慧

例如，爱因斯坦用时间是相对的调和了光速不变和惯性系两者同一与狭义相对论中的矛盾；狄拉克用符号法调和了海森柏矩阵力学和薛定谔波动力学的矛盾。

概括抽象，上升为理论系统的能力

一项简单而平凡的工作，如果是精练的，那么它就是优美的。我最近的一个研究工作是讨论二项式定理 $(x+y)^m=\sum_{l=1}^{m}\binom{m}{l}x^l y^{m-l}$ 的推广，问 $\sum_{l=0}^{m}\binom{m}{l}x^l H_{m-l}(y)$ 如何求和呢？其中 $H_{m-l}(y)$ 为厄米多项式，我把此问题抽象为适当的量子力学问题，用有序算符内的积分方法处理，就可以轻松给出答案。

其次，我们来谈谈物理学家智慧的层次（境界）。

物理学家的智慧也是分层次的。物理学家最高的智慧，如佛教里上乘的智慧，也就是觉悟。有时候物理直觉很重要。下面举例来说智慧的层次。熵($S=$

dQ/dT)的概念的提出比加速度的概念的提出难一些,这些概念都是物理学家抽象出来的,但是再深一层次的智慧是能够看到熵与混乱的程度具有相关性,而更高一层的智慧就是玻尔兹曼公式 $S = k\ln W$,我认为这就是一种觉悟了。还有一种智慧与实验有关,如前所说的,汤斯发明了 MASER,发现氨分子以级联的方式发射激光,实现了爱因斯坦的受激辐射理论,是很高层次的智慧。

虽然普朗克发现了普朗克常数 h ,开辟了一个新的纪元,是大智慧,但是还没有进入动力学阶段。而海森伯则从简单的动力学系统(谐振子的量子化)的研究出发,找出 $[x,p]=\mathrm{i}h$ (另一物理学家玻恩的墓碑上篆刻了这个关系),抽象出微观世界的不确定关系 $\Delta x\Delta p \geqslant h/2$,这是更高层次的智慧。

虽然德布罗意提出了波粒二象性,但薛定谔指出:"德布罗意还没有从普遍性上加以说明。"薛定谔从波动力学中找出一个能描述粒子运动的普遍方程,达到了智慧的更高层次。

智慧的层次犹如佛教的罗汉、菩萨和佛的三个层次。《西游记》中经历了九九八十一难的孙悟空在西天取经完成后被封为"斗战胜佛",斗战胜佛是佛教里面著名的"三十五佛"中的一位。所谓"佛",是最高的悟道者,就是"觉悟者"的意思,孙悟空的受封应当是属于西方极乐世界。从悟道的程度上,孙悟空应当是超过五百罗汉的。然而其在佛教的地位高于观世音菩萨,我就不懂了。诚然,在佛家并没有职位的高低,我想观世音菩萨也不会为了"职称"而闹意见。

庐山雾与理论物理想象

理论物理研究的特点是“路漫漫其修远兮”，在上下求索的道路上迷迷惘惘，如雾里看花、水中望月；在无边无际的雾的包围中，我们一次次突围，又一次次陷入新的雾中，无穷无尽地跋涉，不知何处才是尽头。这种理论科研探索宛如堕入迷雾的感觉在登庐山遇雾时达到了极致。

都说“黄山归来不看山”，在登上黄山始信峰后，我相信了。那时真恨自己文思不敏、才学不精、语言枯槁，不能触景赋文，尽述黄山之美。待到气喘吁吁攀上天都峰时，更觉“除却巫山不是云”了。

然而那年十月去庐山，却改变了我的看法。最值得一提的是庐山那朦胧神秘的雾。“横看成岭侧成峰，远近高低各不同。不识庐山真面目，只缘身在此山中。”诗人从山岭的形状起伏来谈庐山的不可捉摸，而我更觉庐山雾的变幻莫测。那天快到如琴公园门口下起雾来，顷刻就起了白茫茫的一片。真可谓“凭空生白雾，雾气侵罗袜”，头发也变得湿漉漉的。公园中的各色花卉，扑朔迷离。王国维曾用“雾中看花”来描述诗的意象不明了。想到自己经常在研究中迷失方向，物理目标影影绰绰，不禁会心一笑：“莫怨花径有迷雾，雾中看花有似无。”

雾气越来越重，如琴湖面看不见了。走在桥上飘飘欲仙，仿佛到了玉宇琼楼。过了一刻钟，下起小雨来，雨水涮去了雾气，才显出湖面来，原来湖并不大。细雨停后，又下起雾来，锦绣谷一带都在流淌的雾的笼罩中，犹如太虚幻境，使人浮想联翩，回味无穷。联想到自己经常在半夜里醒来，目标不清地思考科研问题，思绪缥缈，不知想到何处又消失了，甚至原始的想法也丢了，真像雾气聚散那样不可捉摸。

次日去三叠泉，风和日丽，我们顿悟李白“飞流直下三千尺，疑是银河落九天”的意境，在淙淙的泉水前留念。然后又涉足龙潭，体验了“山光悦鸟性，潭影空人心”的心境，不禁想起了林语堂所说：“凡人在世，俗务羁身，有终身不能脱，不想脱者。由是耳目濡染愈深，胸怀愈隘，而人品愈卑。有时看庄子，是好的。接近大自然，是更好的。”边想边往回走，走到大路边，蓦然回首，山谷中又下起雾，白霭霭地不断向我们的回路弥散。现在还在三叠泉景点的游客，隔着一个龙潭，大约看不到瀑布挂前川了吧。

驱车又去了含鄱口，在氤氲的雾中极目远眺，也望不见鄱阳湖的水光。遗憾之中，只好默念着王勃的“落霞与孤鹜齐飞，秋水共长天一色”聊以自慰了。雾气缥缈之中，我似乎看到了白居易在浔阳江头夜送客的场面。世易时移，如今的九江市长江段已经一桥飞架南北，当年的江州司马如果九泉下有灵，也许不会“青衫湿”了。

我赞美庐山的雾，它浩浩荡荡，带来清新的淡淡的湿，它去无踪影，赐人以清莹澄澈的天光云影，让一切喜怒哀乐都随雾飞扬。

我喜爱庐山的雾，它神出鬼没，迷离恍惚，给人以微妙的超物之境，“寂寂檐宇旷，飘飘帷幔清”，在雾中看庐山，如同在虚幻中寻觅现实，又恰如欣赏一场场轻歌曼舞。

离开庐山时，我的行李袋中多了一盒庐山的云雾茶。

从探褒禅山华阳洞联想理论物理治学

含山县的褒山从安徽省分县地图册上看离县城很近，并不起眼，要不是北宋王安石留下名篇《游褒禅山记》，恐怕它不会引起旅游者的注意。

重阳节后，我和研究生一行八人慕名专程坐车去褒山。车上有幸遇到一个褒禅寺的女居士，她庄重地介绍寺内方丈如何治禅学有成，常被少林寺与二祖寺请去讲经说禅。鉴于我认为理学的思维与禅的顿悟有相似之处，所以很想拜谒此位方丈，可惜我们到寺内的时候并无缘相见，更亦无法向其请教禅与理学的关系。而寺院是在原慧空禅院的古遗址上新建不久的，旁有一个九层佛塔，面目也是新鲜的，原慧空禅院的痕迹荡然无存，是天灾，还是人祸？于是我向研究生们叹曰："诗境有禅顿悟易，空门无框遁入难。"民间流传的关于禅的故事不少，但有无限风光的科研之门不易寻觅啊。出了寺，沿小路到了华阳洞的前洞口，赫然有"天下第一名洞"及"万象皆空"的石刻。我没有请导游指点，而是希望能像当年王安石及同伴们举着火把去探洞。设想一下，洞若观火，火影反照奇石，森森可博人，此种洞中窥管摸索的体验，将会是多么令人激动难忘啊！可现在这只是一个空想罢了。进了洞，我们看到巷衢洞达的地方都挂着灯，每盏灯边各有一提示牌，标写着旅游者在此处可看到或可想象到的钟乳石形的含义，如"枯木逢春""板桥画竹""绵羊思母""藕断丝连""龙腾虎跃""鸾凤和鸣"等，令人印象深刻的是"安石古砚""荆公斗笔""荆公翰墨"以及唐代高僧慧褒和尚的化身石，颇值得喜爱人文历史的人玩味。

无须说，这些注解是旅游局的人事先为游客设置的观察模式，而我更喜欢的是自己去琢磨，去想象：一方面，因为个人的想象力的发挥常常是从对山川、草木、鱼虫、鸟兽的自我观察中得到营养，别人不宜代庖；另一方面，在预先设置好的壁灯下观察，与自己举火把照明观察的效果有天壤之别，拥着火把可以进退自控，想看哪里就看哪里，也许别有洞天呢。这如同我们研究问题应该采用多种方法去思索一样，也许真理就藏在某一角落呢。又想起以前自写的诗句"探幽不时觉迷茫，星空黑洞如何熵"，此时不免有如身在黑洞里的感觉。

走到"荆公回步"厅，用李白的话说是"洞天石扉，訇然中开"的一个较为宽敞的地方，那就是当年陪王安石从后洞进入的同伴说“石出，火且尽”的地方，止于此，而游乐未能得其大，使王安石出洞后追悔莫及。这里也是我这次进洞最想知道的场所，可以体会一下“壮志未酬”的感觉。尤其是我作为一个科研工作者，深知如在崎岖的科研小道上知难而退，就会有浅尝辄止的羞愧，前方的巷洞坑谷，需要探索者去洞烛其幽，这时的望而却步往往是胆怯所致，难怪王安石会写出：“世之奇伟鬼怪非常之观，常在于险远而人之所罕至焉，故非有志者不能至也。”不知与我同行的研究生们有同感否。

比王安石幸运的是我走完了全洞，但总因为没有火把自照自探而扼腕叹息。回想自己在理论物理的科研途径上，岂是有“导游”的路牌一路为你标明风景事物的含义及前进的方向的？于是诵诗曰：

荆公虽去有遗篇，未尽游兴留悔憾。
洞若观火思治学，华阳穴中存笔砚。

在洞口附近的公交车场，我向当地人买了一块嶙峋多孔的透石，作为这次游洞的纪念。

怀念阮图南先生

我的指导教师阮图南教授在 2007 年 5 月逝世了，中科大失去了一位严谨的理论物理学家与优秀的教师。

阮先生是我国建立博士学位制度时第一批培养出的博士指导教师，他的研究风格以推导物理理论严谨而著称，堪称享誉全国。到他家去请教时，他总是坐在一个长方凳上，擦得干净的书案上放着一摞纸，在不看任何参考资料的情况下，从最原始的前提出发，就能一张纸、一张纸地推算演绎出一组组漂亮的公式。他的推导方法往往也与别人不同，所以能够推导出新知识。例如，他把路径积分的拉氏作用量推广到一般的位势情况，发展了李政道和杨振宁的工作；他又创建了陪集规范场理论，显露了他深厚的数理功底。他的写作工整、稳健，每个式子就像一个有内功的练武者一样稳稳地盘坐在纸面上，显得那么自信与正确；公式的优美与书写的工整十分和谐，可以与书法家的隶书相媲美，看了使人感悟到科学的神圣与严肃。

同样，在课堂上，阮先生的板书也是工工整整的，一黑板一黑板地演算，几乎不看备课稿，在推导时，正负号、i 因子、上下标等几乎从不出错。我希望他写的量子场论和电动力学的辅导教材将来能够正式出版，因为这是中科大的宝贵财富。

科学上对真理的追求也使他养成了堂堂正正的性格。他与人谈话时很少拐弯抹角，为人真诚坦率，推己及人，助人为乐，尤其对学生有求必应，关心他们的成长，经常为他们出国深造写推荐信。他对好学生也从不掩饰喜爱之情，有一次我为他的论文中遇到的困难提供了一些解决思路，他很高兴地说："你本事不小啊。"

我能在理论物理上有些修养并养成一丝不苟的习惯，与阮先生的言传身教是分不开的。去年受《中国科学技术大学学报》之邀，我写了一篇特约评述。我这篇文章是请阮先生审阅的，那时他已病重，由他口授并请张鹏飞老师整理为审稿意见。他在审稿意见中指出："作者独辟蹊径，在看似已臻完美的量子力学理论体系中，开辟了一个全新的研究方向……在他开创的领域研究二十多年后，从发展牛顿-莱布尼茨积分这一新的视角对 IWOP 技术的提出做了回顾，同时是站在更高层面对作者工作的一种欣赏。”这表明了阮先生在自己培养的学生作出杰出贡献时的欣慰。这也许是他为科学繁荣做的最后一件事吧。为此我写下这篇小文，作为对他的纪念，并献上一首小诗：

赠先师

探幽不免失瞻望，星空黑洞如何熵。
攀高几欲追斜阳，植物亦曾济洪荒。
有志贤俊着彩笔，无形灵感偏寒窗。
绕樑何时续新谱，沾尽先师几分光。

如今，阮先生的坟高卧在大蜀山山坡，每逢清明节我与张鹏飞师弟去扫墓，总是想：没有阮先生的引路与栽培，就没有我范洪义的今天。

怀念数学家龚昇

从网上看到龚昇先生仙逝的噩耗，痛感中科大失去了一位科学家、教育家。我最早知道数学家龚昇是在中学时读他的《从刘徽割圆谈起》一书，自学此书是我培养独立思考的开端。很多年后在中科大认识了他，他还曾请我共进午餐，并赠予我他《论述微积分》的小册子。我拜读后还在《中国科大报》上发表过一篇小文，谈了些体会。他快人快语的豪爽气质给我留下很深的印象。

现在我纪念他，首先是联想到清代学者龚自珍凭吊数学家黎应南（清嘉庆举人）的一首诗："科名掌故百年知，海岛畴人奉大师。如此奇才终一令！蠹鱼零落我归时。"接着又翻到自己本子上记录的龚自珍的另一首诗："河汾房杜有人疑，名位千秋处士悲。一事平生无齮龁，但开风气不为师。"龚昇先生是否为龚自珍的后裔，无考，但龚自珍的两首诗恰都适合用在比他晚生百年多的龚昇身上呢！

天意耶？

怀念井思聪

井思聪是我的师弟，但他的年龄又长于我，所以我对他常以师兄相待。我们之间无话不谈，他为人善良、正派、谦让，业务上好学，数学、物理基础扎实。他的过早离去使我很伤心，特写此挽联悼念他：

端端学者 研风韩柳 求索中理论笔耕不辍
谦谦君子 品行孔孟 校园里师生有口皆碑

另有一首小诗表哀思：

联手发表的论文能帮助回忆故人吗？
庄重的教学楼留下讲课的禅。
眼镜湖畔的柳树看着花儿的凋零，
科研的执着到天命斗志愈弥坚。
金秋来临看到梧桐黄了，
很多惋惜的话是不便说的。
挚友的身影淹没在黄昏里，
我仿佛看到了一片和蔼的晚霞。

（范洪义　李玉剑）

历一年，逢清明，我又写诗云：

清明忆井思聪

细雨断又续，湿风迴楼响。
何必卅年功，虚负一名扬。
众人聚墓道，清客独神伤。
夭折多智者，不堪世风霜。

噫！井思聪一生厚道谦让，却还有人欺凌他，可是他并不对上谄媚，于是我又诗之：

此生缘何来，碌碌究可哀。
学霸扼贤良，媒体煞人才。
烟霞遭风侵，片云由谁裁。
因思王冕梅，对俗不屑开。

怀念沈惠川

2013年4月，我校原物理教研室沈惠川先生谢世了，他的突兀离去使中科大损失了一位有独立科研精神和研究方向，又能写出精辟教材的学者。

沈惠川研究了德布罗意、狄拉克等物理学家的学派、风格，颇有心得；他在弹性力学、解非线性方程方面也很有建树。我国老一辈物理学家吴大猷曾专门写信与他进行科研交流。沈惠川也研究物理中的哲学问题，有自己独到的见解，常常一语中的，而且文风犀利。他写的教材别具匠心，物理概念透彻，写作风格鲜明，直抒胸臆，不但文笔流畅快意，而且精益求精，读他的文章有"书当快意读易尽"的感觉。沈惠川崇尚自然科学，热爱教育事业，即使在他退休后还在为物理教育工作劳心劳神，乐此不疲。

沈惠川刚正不阿，并没有因为自己不是正教授而自暴自弃，也没有为争当正教授而去阿谀奉承别人。实际上，以他的学术教学成果而论，早应该是正教授了，可惜他至死也没有评上这个职称，正是"世事相违每如此"，令人扼腕叹息。

我与沈惠川先生偶尔在校园里相遇，每次相遇都会相互问及对方在写什么著作，相互鼓励，有一日不见如隔三秋之感。以后我再也没有机会在校园里碰到他了，"一恸自知无见理，九原还望有交期"，好在他写的《经典力学》《经典力学题谱》《统计力学》《统计力学题谱》和《热物理习题精解（上、下）》等好几本物理著作和我的著作在很多图书馆里都有并列安放，成为邻居，人不见而书相勉。他的书，问津者与借阅者颇多，这也是对他亡灵最好的慰藉。

科技界的智侠郭汉英

前不久，我在宁波大学访问时遇见楼森岳，交谈之中惊悉郭汉英老师仙逝，不禁唏嘘，感慨中国科技界失去了一位精英。

我与郭老师交往不多，交谈更少，但正因为少，故谈话内容现在能清晰记得。第一次是在游合肥包河公园看到碑刻时，他教我如何鉴识和欣赏书法。他又问起我在量子论方面做了什么研究，是否只是纯哲学思考；偶尔谈起科技界存在不正之风时，他对我说，写论文的同时，要学会保护自己。第二次是我在北京理论所高科技中心办事时遇到他，他一见面就鼓励说，我孩子（在中科大上学）说你讲课讲得好。第三次是我在理论物理所讲学时，见他也在听众席中。

尽管我与郭汉英老师没有过科研合作，但我一向十分敬重他，因为从他身上我看到了科学家的良心和良知、正直和豪爽、睿智和好学、博学和专攻。如果论说中国科技界是否有大侠，那么郭汉英就是一位智侠。他颖悟洞彻，好深湛之思，其言谈举止中的幽默乐趣，求知探讨的思索表情，眼角眉梢的灵气流盼，我现在闭目静思，都浮现在脑海里。

我曾听吴可教授说起郭汉英老师曾专门花了一年时间研习古汉语，可见古汉语的简洁与深刻对于研究理论物理有某种潜在的帮助。

我也是一个钻研理论物理的人，致力于探求物理理论的美与和谐，尽管钻研的方向与郭汉英的不同，但相信唐代诗人温庭筠的《过陈琳墓》诗中的“词客有灵应识我”这七个字对所有与郭汉英心灵相通的人，此时此刻读来，会倍觉惆怅与惋惜，就是在若干年以后，也会“长使英雄泪满襟”。

爱因斯坦曾指出：“对于一个毕生追求一点真理的人来说，如果他看到有别人真正理解并欣赏自己的工作，那就是最美的回报了。”而现在就有越来越多的人在引用与跟踪郭汉英的理论，以告慰他的英灵。

理论物理学家也能发展积分学
——论由狄拉克符号组成的算符之积分

目前，大多数数学家因为没有接触过量子力学，而不能理解对狄拉克符号组成的算符之积分也应是整个积分学的一部分，这是很遗憾的。

从牛顿-莱布尼茨积分谈起

现代科学始于17世纪牛顿-莱布尼茨创立的微积分。尤其是莱布尼茨发明了微分号d和积分号$\int$，大大简化了数学的表达方式，也节约了人们的脑力。数学家黎曼曾说："只有在微积分发明之后，物理学才成为一门科学。"此后，积分学有两个发展的方向：一个是复变函数的围道积分，另一个是实变函数的勒贝格积分。牛顿-莱布尼茨积分推动了经典物理的发展。量子力学是从经典力学"脱胎"而出的，它虽与经典力学大相径庭，却又是与之有着千丝万缕联系的一门学科。由于量子力学中许多物理概念与经典力学截然不同，因此量子力学需要有自己的符号或是语言。符号法是量子力学的标准语言，自从20世纪初有了量子力学的萌芽，就有了对其数学符号的需求。于是狄拉克的符号应运而生。而牛顿-莱布尼茨发明微积分时并无狄拉克符号，该积分可否直接对它应用在量子力学建立后相当长的一段时间没有得到足够的重视。

符号是一门科学的"元胞"，是人们用以思考的"神经元"，是反映物理概念的数学记号。中国的汉字起源于甲骨文(图1)，历经楔形文字(图2)，它是古代劳动人民从生产实践中抽象出来的象形符号通过组合而演变成的文字符号(图3、图4分别代表阿拉伯数字和拉丁字母的起源和演化，它们并没有象形的意义，只是符号而已)。由于思想是没有声音的语言，一套好的记号可以使头脑摆脱不必要的约束和负担，使精神集中于专攻，这实际上大量增强了人们的脑力，而将人们的思考引入深处和问题的症结。这正如音乐有五线谱和简谱两种记录方式，但前者比后者要直观、方便和科学得多，所以国际上都采用五线谱。诚

如海森伯所说:“在量子论中出现的最大困难是有关语言运用的问题。首先,我们在使用数学符号与用普通语言表达的概念相联系方面无先例可循,我们从一开始就知道的只是不能把日常的概念用到原子结构上。”爱因斯坦也十分重视物理学中符号的正确运用,他说:“任何写出的、讲过的词汇或语言在我思考的结构中似乎不起任何作用,作为思维元素存在的物质实体似乎是某些符号和一些或明或暗的想象,这些想象被‘随心所欲’地再生和组合,这些组合性的思维活动似乎是创造性思维的基本特征——这种思维活动产生于存在一种能用文字或其他符号与其他人交流的逻辑结构之前。”正是狄拉克奠定了量子力学的符号法,引入了左矢$|\rangle$和右矢$\langle|$的记号,在此基础上又建立了表象及相应的变换理论。如果仅仅把符号法理解为一种数学方法,那实际上就没有理解狄拉克在物理观念上对量子力学所作的革命性的贡献。狄拉克说:“关于新物理的书如果不是纯粹描述实验工作的,就必须从根本上是数学性的。虽然如此,数学毕竟是工具,人们应当学会在自己的思想中能不参考数学形式而把握住物理概念。”狄拉克的符号法更能深入事物的本质。由他搭好的这个符号法框架,多年来,被认为能简明扼要而又深刻形象地反映物理的本质。例如,他把入态记为$|\mathrm{in}\rangle$,经过仪器或相互作用(算符,用$\hat{F}$表示),而变为出态$\langle\mathrm{out}|$,这个过程记为$\langle\mathrm{out}|\hat{F}|\mathrm{in}\rangle$。有了符号,还需要有相应的运算规则与之匹配。

图1　甲骨文

图2　楔形文字

正如阿拉伯数字符号 0,1,2,…,9 被发明后,需要引入相应的加、减、乘、除运算规则,而它们又是不断地被发展着,从平方、乘方、取对数……直到牛顿-莱布尼茨发明微分、积分。因此,对量子力学符号也应发展相应的运算规则,特别是对连续态右矢和左矢所组成的投影算符$|\rangle\langle|$的积分运算。从 1930 年狄拉克的《量子力学原理》问世以来,并没有受到人们的关注而去真正实现这个积分,

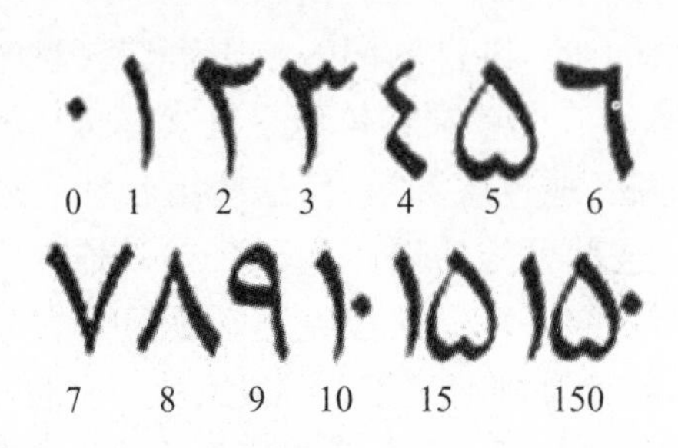

图 3　阿拉伯数字

腓尼基	希腊	早起拉丁	晚起拉丁
[illegible]	A	AA	A
[illegible]	B	[B]	B
[illegible]	ΓC	C	C
Δ	Δ▷D	▷	D
[illegible]	EE	E	E

图 4　字母

其中两个主要的原因可能是：(1) 天才的狄拉克所创造的这套符号比较抽象，人们不知道它是怎么被想出来的，也没能真正地、完全地理解它，以至于也提不出对连续态右矢和左矢所组成的投影算符$|\rangle\langle|$实现积分的问题；(2) 一般认为狄拉克深入研究过的课题别人也很难再有所作为。尽管狄拉克在该书中对符号法预言："……在将来当它变得更为人们了解，而且它本身的数学得到发展时，它将更多地被人们采用。"但是从 1930 年到 1980 年的半个世纪中，我们没有看到一篇真正地、直接地发展狄拉克符号法的文献，以至于人们慢慢遗忘了狄拉克的这种期望。我在 1966 年前后自学《量子力学原理》一书时就意识到牛顿-莱布尼茨积分规则对由狄拉克符号组成的算符的积分存在困难，原因是这些算符包含着不可对易的成分。例如，怎样完成积分 $\int_{-\infty}^{\infty}\mathrm{d}q\,|q/2\rangle\langle q|$？其中$|q\rangle$是坐标本征态，$|q/2\rangle\langle q|$蕴含着不对易的算符成分。当时正值"文革"，正常的课堂教学和科研秩序被"革"掉了，所以我也无从向人请教。但是我总想应当发明一个办法去实现这类积分，因为这类积分包括大量的幺正变换，也可用于表明各种表象的完备性。完成这类积分，我们就可以找到许多新的物理态与新的表象，从而推陈出新，使量子力学有一个别开生面的发展。换言之，我觉得必须要把对经典函数的牛顿-莱布尼茨积分理论推广到对算符的积分，才能使符号法更完美、更实用。为了实现狄拉克生前的期望，我们中国学者倾心奋斗二十余年，发明了有序[包括正规乘积、反正规乘积和外尔编序(或对称编序)]算符(玻色型和费米型)内的积分技术，英文称之为 the Technique of Integration of Within an Ordered Product (IWOP) of Operator，达到了牛顿-莱布尼茨积分理论直接可用于算符积分的目的。数学家黎曼曾经说："只有在微积分发明之后，物理学才成为一门科学。"我的一位外国同事曾说："只有在 IWOP 技术发明之后，量子力学的数理基础才趋于完善。"所以他在国际杂志上专门发表了综述

文章，介绍和赞扬这一方法，并称之为“范氏”方法。

在有了 IWOP 技术的基础上，我们根据爱因斯坦等人的量子纠缠思想，不但创建了连续纠缠态表象，找到了大量的物理应用，而且革新和充实了量子光学的数理基础，发展了相干态、压缩态、Wigner 函数和 Husimi 函数、位相算符等理论。可以说，如果一个人光知道狄拉克符号而不知道“有序算符内的积分技术”，那么他就难以感受狄拉克符号更深层次的美感与震撼力，也不能体会为什么狄拉克曾不止一次地讲到他一生中最喜欢的工作就是用符号法对量子力学所作的诠释，也不会灵活运用狄拉克符号。了解 IWOP 技术以后就可以对狄拉克符号知其然又知其所以然，极大地提高了科研能力和对量子理论的鉴赏能力，要知道鉴赏本身也需要人们的创新思维。我国当代文学家王蒙曾在《符号的组合与思维的开拓》一文中指出：“语言是一种符号，但符号本身有它相对的独立性与主动性。思想内容的发展变化会带来语言符号的发展变化，当然，反过来说，哪怕仅仅从形式上制造新的符号或符号的新排列组合，也能给思想的开拓以启发。”他又说：“思想比较丰富的人语言才会丰富，思想比较深沉的人语言才会深沉，思路比较灵活的人语言才会灵活；反转过来，语言的灵活性、开拓性、想象力也可以促进思想的灵活、开拓性，促进想象力的弘扬与经验的消化生发。”这就解释了为什么是狄拉克而不是其他什么著名的物理学家发明了符号法，因为狄拉克不但有极高的数学天分，而且具有不说废话的魅力。我相信本书介绍的“有序算符内的积分技术”不但能成为狄拉克符号法的有机组成部分，而且可以使读者研究物理的灵活性、开拓性、想象力得到极大的提高。我在国外讲学时，有的外国听众说：“如果狄拉克还健在，他会感谢范洪义发展了他的符号法。”

问题的提出

为了促进狄拉克符号的发展，我们必须找到原有理论的不完美和局限性，正确地提出有普遍意义的问题，才能另辟蹊径给予解决。以下我们就四个方面质疑：

1. 对狄拉克的抽象而深刻的 q 数理论我们还有什么不理解的？
2. 如何发展符号法本身的特殊数学？
3. 怎样找到符号法更多的物理应用？
4. 怎样揭示与欣赏狄拉克符号法更深层次的美感？

这样才能努力把寓于狄拉克符号法中深层次的物理内涵与应用潜力揭示

出来，在看似已臻完美的量子力学理论体系中开辟新的研究方向，进一步体现符号法的强大生命力和永恒的科学价值，验证狄拉克所说的“符号法正在开创某种将来可能永垂不朽的东西”。

为了解答以上问题，让我们简单回顾一下诺贝尔奖得主狄拉克对非相对论量子力学的贡献。符号法的正规使用起始于狄拉克的名著《量子力学原理》，该书自1930年问世以来，在大半个世纪中一直是该领域的一本基本的、权威的教科书。在该书中，就非相对论量子力学内容而言，狄拉克总结了海森伯的用矩阵表示力学量的做法和薛定谔按照德布罗意的思想在原子理论中引入态的概念，提出了自己独特的表述量子论的数学形式——符号法，使得量子论成为严密的理论体系。正如狄拉克后来回忆道：“海森伯和薛定谔给了我们两种形式的量子力学，但我们马上就可以发现它们是等价的。他们提供了两个图像，用一种确定的数学变换联系起来……符号法，用抽象的方式直接地处理有根本重要意义的一些量……但是符号法看起来更能深入事物的本征，它可以使我们用简洁精练的方式表达物理规律，很可能在将来当它变得更为人们了解，而且它本身的特殊数学得到发展时，它将更多地为人们采用。”众所周知，天才狄拉克引入了左矢、右矢的概念，简洁而深刻地反映了量子力学中力学量和态矢之间的关系；在他发明δ函数的同时，把非对易的量子变量称为q数(对易的经典量称为c数)，发展出比矩阵力学更为抽象的、普遍的q数理论，其中包括表象理论。例如，坐标的量子力学量Q是一个q数，它的本征态是$|q\rangle$，坐标表象$|q\rangle$的正交完备性为$\langle q' | q\rangle=\delta(q'-q)$，$\int_{-\infty}^{\infty}\mathrm{d}q\,|q\rangle\langle q|=1$且不对易量$q$数为基础的方程。他把$q$数的对易关系类比于经典力学中的泊松括号，把矩阵力学纳入哈密顿公式体系，建立起非相对论量子力学中的普遍变换理论并用之证明矩阵力学和波动力学相互等价，而薛定谔方程的哈密顿量本征函数恰好是坐标表象到能量表象的变换函数。左矢、右矢和线形算符是三种抽象的量，并且用这三个抽象量表述了量子力学的若干基本规律。表象的建立就像几何中有了多种坐标系统，这样，一个抽象量在相应表象中的表示，就相当于一个几何对象的坐标，用具有类似数学性质的数字集合来代替抽象量。对于研究一个特定的量子力学问题来说，选择一个合适的表象，对于问题的解决往往能起到事半功倍的效果，即表象具有运动学和动力学的双重意义。从前面狄拉克所说的那段话中，我们能体会到：狄拉克的期望不仅是要让越来越多的人去理解和接受表象理论，找到其潜在内部特殊的数理理论，而且更重要的是期望有人能够充分发展这个表象理论，并用于解决更多的已知或是未知的实际问题。

但是，狄拉克的符号法由于其高度的抽象性，确实不易被理解。这正如一位现代物理学家劳厄在《物理学史》中曾慨叹道："尽管麦克斯韦的理论具有内在的完美性，并和一切经验相符合，但它只能逐渐地被物理学家们接受。他的思想太不平常了，甚至像赫尔姆霍兹和玻尔兹曼这样有异常才能的人，为了理解它也花了几年的工夫。"那么，一代又一代的量子力学学者为了理解符号法又花了多少工夫呢？他们真正理解狄拉克的符号法吗？

歌德曾说过："独创性的一个最好的标志，就是在选择题材之后，能把它加以充分发挥，从而使得大家承认，压根儿想不到会在这个题材里发现那么多东西。"即要善于从平凡中发掘不平凡的问题，那么，我们怎样从已经作为基本常识接受下来的狄拉克的符号法中找到不平凡的问题来呢？

对于连续表象的完备性，如动量表象的完备性$\int_{-\infty}^{\infty}\mathrm{d}q\mid p\rangle\langle p\mid=1$，大家可能是知其然而不知其所以然，对于这个积分是如何实现的是否作过思考呢？如果我们将这个完备性稍微作一下变化得

$$S_1=\sqrt{\mu}\int_{-\infty}^{\infty}\mathrm{d}p\mid\mu p\rangle\langle p\mid\quad(\mu>0)\tag{1}$$

那么这个积分又是什么呢？当$\mu=1$时为1；当$\mu\neq1$时我们就无从得知了。这是一个积分型的投影算符，它代表从$|p\rangle\rightarrow|\mu p\rangle$的变换。这也说明狄拉克表象理论的确需要发展，我们对狄拉克符号法的理解确实应该更深入。

对于双模坐标表象：

$$\mid q_1,q_2\rangle=\mid q_1\rangle\mid q_2\rangle=\left|\begin{pmatrix}q_1\\q_2\end{pmatrix}\right\rangle\tag{2}$$

从式(1)，我们可以构造出

$$U_2=\iint_{-\infty}^{\infty}\mathrm{d}q_1\mathrm{d}q_2\left|\begin{pmatrix}A&B\\C&D\end{pmatrix}\begin{pmatrix}q_1\\q_2\end{pmatrix}\right\rangle\left\langle\begin{pmatrix}q_1\\q_2\end{pmatrix}\right|\tag{3}$$

这里A,B,C,D都是实数，且满足$AD-BC=1$。

式(1)和式(3)是两个积分型的 ket-bra 算符，都对应着量子力学的一种幺正变换：式(1)中$|\mu p\rangle$是动量P的本征态，只是本征值为μp（μp是个实数，在经典动量空间中表示p压缩μ，系数$\sqrt{\mu}$是为了保证其幺正性而引入的）；而式(3)所对应的是经典正则变换$(q_1,q_2)\rightarrow(Aq_1+Bq_2,Cq_1+Dq_2)$。这两个经典变换映射到量子力学 Hilbert 空间对应的量子力学幺正算符是什么呢？怎样才能简捷解析地实现这个积分呢？也就是说，如果能创造一个理论去实现这类 ket-bra 型算符积分，就等于为经典变换直接地过渡到量子力学幺正变换搭起了一座"桥梁"。

我们还可以继续往下思考。如积分

$$\int_{-\infty}^{\infty} \mathrm{d}q \mid q\rangle\langle -q \mid \tag{4}$$

表示的是宇称算符。又如处于 $\Psi_{\alpha}(q)$ 态的物理系统在空间转动后变为 $\Psi_{\alpha'}(q)$，即

$$\Psi_{\alpha'}(Rq) = \Psi_{\alpha}(q) \tag{5}$$

其中 q 是三维坐标矢量，R 是三维欧几里得空间中的转动矩阵。设三维空间中转动矩阵为 $D(R)$，则有 $D(R)|\Psi_{\alpha}\rangle = |\Psi_{\alpha'}\rangle$。又由 $\Psi_{\alpha'} = \Psi_{\alpha}(q)$，我们可以构造如下的积分型 ket-bra 算符

$$D(R) = \int \mathrm{d}^3 q \mid Rq\rangle\langle q \mid \tag{6}$$

再如质量分别是 m_1 和 m_2 的两个粒子，在经典力学中，从正则坐标 (q_1, q_2) (p_1, p_2) 变成质心坐标 $(q_{\mathrm{cm}}, q_{\mathrm{r}})$ 的关系是

$$\begin{gathered} q_{\mathrm{cm}} = \mu_1 q_1 + \mu_2 q_2, \quad q_{\mathrm{r}} = q_2 - q_1 \\ P = p_1 + p_2, \quad P_{\mathrm{r}} = \mu_1 p_2 - \mu_2 p_1 \end{gathered} \tag{7}$$

其中

$$\mu = \frac{m_1}{m_1 + m_2}, \quad \mu = \frac{m_1}{m_1 + m_2}$$

我们需要在量子力学中找到一个幺正算符 V 使得

$$VQ_1V^{-1} = \mu_1 Q_1 + \mu_2 Q_2, \quad VQ_2V^{-1} = Q_2 - Q_1 \tag{8}$$

这个幺正算符 V 的构造是

$$V = \iint_{-\infty}^{\infty} \mathrm{d}q_1 \mathrm{d}q_2 \left| \begin{pmatrix} 1 & -\mu_2 \\ 1 & \mu_1 \end{pmatrix} \begin{pmatrix} q_1 \\ q_2 \end{pmatrix} \right\rangle \left\langle \begin{pmatrix} q_1 \\ q_2 \end{pmatrix} \right| \tag{9}$$

其中的矩阵是以下矩阵变换

$$\begin{pmatrix} \mu_1 & \mu_2 \\ -1 & 1 \end{pmatrix} \begin{pmatrix} q_1 \\ q_2 \end{pmatrix} = \begin{pmatrix} q_{\mathrm{cm}} \\ q_{\mathrm{r}} \end{pmatrix} \tag{10}$$

的逆矩阵。要知道 V 的具体形式，就需对式(7)积分。

量子力学中遇到 ket-bra 积分的例子还很多。例如，关于连续基矢的完备性基本常识说明：无论是坐标表象、动量表象，还是相干态表象，在它们的完备性表示中 ket 和 bra 是互为共轭虚量的。那么是否还存在另一种可能性，即由 ket 和 bra 所组成的投影算符的积分之值仍是单位算符，而 ket 和 bra 并不互为厄米共轭？下面这个例子或许更有说服力。用狄拉克的 ket 来表述薛定谔方程

$$\mathrm{i}\hbar \frac{\partial}{\partial t} \mid q, t\rangle = H(t) \mid q, t\rangle \tag{11}$$

定义时间演化算符$U(t,t_0)$，即

$$|q,t\rangle = U(t,t_0)|q,t_0\rangle, \quad U(t_0,t_0)=1 \tag{12}$$

则可知幺正算符$U(t,t_0)$满足方程

$$\mathrm{i}\hbar\frac{\partial U(t,t_0)}{\partial t} = H(t)U(t,t_0) \tag{13}$$

其解是一个积分解：

$$U(t,t_0) = 1 - \frac{\mathrm{i}}{\hbar}\int_{t_0}^{t}\mathrm{d}t' H(t')U(t',t_0) \tag{14}$$

因此$U(t,t_0)$可以写成积分型的投影算符：

$$U(t,t_0) = \int_{-\infty}^{\infty}\mathrm{d}q\,|q,t\rangle\langle q,t_0| \tag{15}$$

如果得到这个积分的显式，就能导出这个系统的时间演化算符。

我们还可以列举出很多这样的积分型的投影算符形式，问题的关键在于要能简捷地完成积分。我在20世纪80年代提出了“有序算符内的积分技术”，成功地实现了对狄拉克的ket-bra型算符的积分，便使得人们知道，原来狄拉克发展的符号也是可以积分的，这就为牛顿-莱布尼茨积分的发展开拓了一个新的方向，并且也为实现经典变换到量子幺正变换的自然过渡提供了一条直接寻找显示形式的q数的新途径。物理概念的创新往往与数学的发展是齐头并进的，爱因斯坦曾指出：“在物理中，通向更深入的基本知识的道路是与最精密的数学方法相联系的。”IWOP技术的出现不但革新了量子光学的数理基础，极大地丰富了量子光场的内容，扩展了量子光学与富利埃光学的联系，而且促进了量子力学的纠缠态理论的发展，而后者又是量子信息论的基础。所以，学习与掌握IWOP技术对于高屋建瓴地把握量子力学的理论十分有益，也是每个学习和研究量子光学理论的基本功。

纵观人类科学发展史，每一个重要的理论体系无不为其后继理论留下相当大的拓展空间，如牛顿力学之于理论力学，狭义相对论之于广义相对论，符号法良好的拓展性同样使它得以而且必将成为一个完备、严谨的理论体系。

让我引用南宋理学家朱熹的《观书有感》一诗：“半亩方塘一鉴开，天光云影共徘徊。问渠那得清如许，为有源头活水来。”这首诗历来被认为是搞活思路、指导学习的警句。我不揣浅薄，以一诗和之，供读者玩味参考：

方塘云影返书斋，半亩风光未遣怀。
山间连宵雷电雨，泉眼瀑阀一并开。

《研究生用量子力学教材补遗》前言

学习任何一门课程，打好基础是前提，对于量子力学亦然。研究生基础没打好，犹如蚕食桑叶而最终未能吐丝。量子力学的知识如大海浩渺、深不可测，而且与时俱进。那么量子力学的基础大概是哪些呢？基础是否也在加厚夯实呢？目前国际、国内研究生所用教材虽然相对于本科生量子力学教材增补了一些内容，如初步介绍量子测量、量子光学、量子信息、群表示应用等，但都缺乏对量子力学语言——狄拉克符号法（表象论及其变换）如何发展及深化的介绍，而这恰恰是整个量子力学体系的数理基础和思维模式。在爱因斯坦 70 岁出版的《自述》中他写道："……我作为一个学生并不懂得获得物理学基本原理的深奥知识是与最复杂的数学方法紧密相连的。在许多年独立的科学工作以后，我才渐渐地明白了这一点。"物理理论的简单性体现于基本定律的数学形式的简洁和优美，这种简洁往往在数学发展到一定程度才显现出来。物理学家的思维习惯和方式与数学家的不同，因此物理学家有时候不得不自己发明新的数学，以简化烦琐的数学方法。这就是为什么物理理论的发展交织在由简至繁，再由繁至简的演进中。

量子力学的数学就是处理算符的数学，即狄拉克符号的数学，尤其是有关由狄拉克符号组成的 ket-bra 算符的积分，而这恰恰是以往所有的量子力学教材所匮乏的。读者如果不知道狄拉克符号的积分的优美与广泛应用，不能不说是一种遗憾。所以本书的补遗的一个重要内容就是介绍如何发展狄拉克符号法。

"思维同语言是联结在一起的"，符号是一种特殊的语言，所以思维与符号密切相关。科学所追求的是概念最大的敏锐性与清晰性而只使用少数独立引进的概念与符号。在量子物理界，"只要看过书的人都看过狄拉克的书"，这本书就是被人们广泛引用与应用的《量子力学原理》。狄拉克以符号法为起点，介绍了量子论的基本理论框架与一般规则，着重于抽象的数学方法概括物理本质。已经涉世于量子理论多年的人都认为此书可作为其他所有量子力学教科书的魁首，因为它高屋建瓴地给出了量子力学的结构。也就是说，若一个人了解量子力学理论越多，则其对狄拉克的书就越赏识：原来使人眼花缭乱的理论被狄拉克总结得如此简洁。狄拉克用符号法建立起来的表象及其变换论是理论物理的精华，被另一位量子论的创造者海森伯认为是"惊人的进步"和对量子力学"超乎想象的概括"。符号法的引入符合爱因斯坦的研究信条："人类的头脑必须独立地构思形式，然后我们才能在事物中找到形式。"但是对于初学者而言，会因为不知道其来龙去脉，而感到"丈二和尚摸不着头脑"。据说狄拉克的好朋友埃伦费斯特当初对该书的反应是："一本糟糕的书——你无法将它剖解。"中国老一辈物理学家吴大猷也感慨："不知道狄拉克的符号法是从哪里来的。"

量子力学的另一创始人薛定谔曾写道："狄拉克有一种完全独创性的思维方法……他完全不知道他的论文对于普通人是多么难。"甚至伟大的爱因斯坦在 1926 年给埃伦费斯特的信中也指出："我对狄拉克感到头疼。就像走在令人眩晕的小径上，在这种天才与疯狂之间保持平衡是很可怕的。"1926 年秋，当爱因斯坦拜访埃伦费斯特时，后者致信给狄拉克："由于爱因斯坦非常希望理解你的论文，(我们)一起一干就是几个小时来研究它……我们要花很长时间才能理解你论著中的几页！而且很多要点对于我们来说仍然像是漆黑的夜晚，伸手不见五指。"多少年来，一代一代的研究生们看到狄拉克抽象的理论，就像故人谈画竹："莫将画竹论难易，刚道繁难简更难。君看萧萧只数叶，满堂风雨不胜寒。"

笔者经过努力研究，发现狄拉克的符号法确实是可以发展的，这种发展不但揭示了符号法深层次蕴藏的美感，而且使之更实用，其简洁而又深刻的特点更容易被人理解，更能使物理概念得以深化与推广。读者以前对其抽象性的畏惧将不复存在，因为由狄拉克符号$|\rangle$(右矢)和$\langle|$(左矢)所组成的积分型投影算符$|\rangle\langle|$是可以由笔者发明的"有序算符内的积分理论"完成积分的，这样就把牛顿-莱布尼茨积分从 c 数(普通数)的积分扩展到含有不可交换成分的 q 数(算符)的积分。这充分体现了狄拉克的远见卓识及符号法的魅力，他发现的符号如同 lim、exp、$\int$、$\mathrm{d}x$ 那样将永垂不朽。

中国古典哲学家老子曾说："道可道，非常道。"狄拉克的符号法中的"道"需要我们用非常规的方式去悟，用心智去体会"美"。在这样做的过程中，我们对理论物理的感觉就得到了升华，素质就得到了提高。所以我们有必要对笔者发明的"有序算符内的积分技术"作个阐述，该技术首先提出并解决了如何对 ket-bra 算符积分，是牛顿-莱布尼茨积分在一个新领域中的应用与推广，是量子力学数理基础的一个别开生面的天地，作为狄拉克符号法的精华内容让研究生了解和掌握是合适的，使他们对狄拉克的理论不但知其然，而且知其所以然，进一步认识到量子力学数理结构的内在美与广泛的应用。而且，这也符合狄拉克生前的愿望："……符号法，用抽象的方式直接地处理有根本重要意义的一些量……但是符号法看来更能深入事物的本质，它可以使我们用简洁精练的方式来表达物理规律，很可能在将来当它变得更为人们了解，而且它本身的特殊数学得到发展时，它将更多地被人们所采用。"古人道："鸳鸯绣取从君看，不把金针传与人。"我们在这本书中要反其道而行之，把IWOP技术以及由此技术而导出的纠缠态表象的知识教给研究生们，使他们不只是学会针绣，而是能绣出鸳鸯来。而对相干态、压缩态、量子Tomography理论知识的补遗也就成了水到渠成的东西。

研究生们一旦掌握了符号法的IWOP理论，则如画家作画时气韵生动，寻味无穷。IWOP技术结合狄拉克的符号法是为非法之法，唯其天资高远、学力精到乃能变化至此。无怪乎狄拉克本人对这套符号法特别钟爱，认为它是"永垂不朽"的。

撰写本书的目的就是让初具量子力学知识（即学过量子谐振子代数解法，知道玻色子产生、湮灭算符及粒子数态）的读者更好地掌握量子力学表象与变换理论，对狄拉克的符号法的理解和掌握更上一层楼，从而有利于他们在量子论其他领域（量子光学、量子信息、量子统计和凝聚态物理）做出较大的贡献。

量子信息的基础是量子纠缠，那么有没有连续变量的纠缠态表象呢？以往的量子力学教科书只有坐标、动量和相干态表象，用IWOP技术我们可以很自然地引入纠缠态表象，方便地描述量子纠缠。所以本书还将介绍笔者首创的纠缠态表象。

除了以上内容，本书还将介绍近来笔者提出的"不变本征算符理论"，它结合薛定谔算符和海森伯方程把本征态的思想推广到"本征算符"的说法，大大简化了某些哈密顿量的能级差的计算。此方法摆脱了传统求能级对于特定希尔伯特空间的依赖性。

"像观察繁星的天文学家离开了望远镜，从热闹中出来听见了自己的足音。"研究生在学习量子力学这门充满奇幻的课程时，一定要独立思考与欣赏。当他们从书本中抬起眼来，脑子中就应该有清晰的量子力学数理结构，所谓"外师造化，中得心源，性灵运成，此境顿生"。如太史公所言："读书太乐而漫，太苦则涩。"唯乘其兴之所适，才能进入欣赏物理美的境界，在往后的科研中心游目想，忽有妙会。

科研作品贵在学附渊源，领异标新，方能使读者动其妍思，引其芳绪。人的精力与时光有限，而追求科学真理无涯，因此吾人读书，当读“创意鲜明者、理论优美者、方法直截者、叙述清晰者、悠久不朽者”，以此五点为标准，则鲜见佳本也。本书笔者不才，写作时尽量以此五点标准来要求自己，然终究水平有限，思维不当，失于检点处，诚望四方读者指教，使臻完璧。

《量子力学的不变本征算符方法》前言

早在1917年，爱因斯坦在给克莱因(Klein)的信中写道："尽管我们用简单性原则选择复杂现象，但是没有任何根据说明这种理论方法是永远恰当的(充分的)……我毫不怀疑，总有一天，因为我们现在还不能想象的理由，会出现另一个新的描述来代替现在这个。我相信，这种理论代谢的深化过程是没有尽头的。"因此在学习量子力学这门博大精深而又玄妙的学科时，有必要探讨新的方法以进入更深的物理境界。我国清代学者俞樾在《九九消夏录》中曾对格物致知(即研究物理)写道："致知在格物，是故格者，格之训正，经传屡见正也。"他又写道："格，正也。欲致其知，在正其物，其物不正，知不可得而致也。"

我们不妨把"格"理解为研究，"正"理解为正派的研究学风和正确有效的方法，方法不对头，态度不端正，不可得知也。理论物理学家致力于用简单性原则去了解透析复杂嶙峋的现象，并以自己的感觉(直觉)及平易的方式感染与影响大众。此所谓"经传屡见正也"。以此为训，本书提出求量子体系能级的新方法，称之为"不变本征算符方法"(invariant eigen-operator method，简称IEO方法)。这一方法是从海森伯创建矩阵力学的思想出发，关注能级的跃迁(间隙)，同时结合薛定谔算符的物理意义，把本征态的思想推广到"不变本征算符"的概念，从而使得海森伯方程的用途更加广泛，求若干量子体系的能级或能级公式更为简便。

在以往的量子论中，求系统的能级一般归结于求解该系统哈密顿量的本征态方程(由薛定谔方程导出)，很少用海森伯方程。究其原因，这也许部分是因为人们比较熟悉解微分方程(波动方程)，部分是因为爱因斯坦觉得薛定谔相比海森伯而言，前者的贡献更大一些。关于他们俩谁对量子论贡献大的问题，牵涉到历史上他们谁应先得诺贝尔奖。薛定谔和海森伯获得的一个重要提名来自爱因斯坦，他说："这两个人的贡献相互独立且意义深远，把一个奖项分给他们两人是不合适的。谁应该获奖这个问题很难决定。我个人认为薛定谔的贡献更大一些，因为我感觉与海森伯比较起来，他创立的概念将会有更深远的发展。如果由我做决定的话，我会首先把奖项授予薛定谔。"在这封亲笔信的脚注中,他加上这样一句话:“但这只是我个人的意见,也可能是错误的。”

但是狄拉克有他自己的看法。1963年有人在采访狄拉克时问道:“你认为薛定谔排在第几位?”狄拉克回答说:“我认为他紧随海森伯之后。尽管在某些方面,薛定谔比海森伯头脑更聪明,但这可能是因为海森伯从实验数据中得到很多帮助,而薛定谔所做的一切都只是靠他的大脑。”在另一个场合,狄拉克又说:“在我失败的地方海森伯取得了成功。当时有一大堆光谱的数据堆积着,而海森伯发现了恰当的方法去处理它们。他的成功开创了理论物理的黄金时代,在此以后的几年时间里,第二流的学生去做第一流的工作是不难的事情。”我们这本书所介绍的方法也许从一个侧面支持了狄拉克的观点,指出了海森伯方程在求动力学系统能级时也能有所作为。

科研作品的目标是“只令文字传青简,不使功名上景钟”。宋代陈师道说:“书当快意读易尽,客有可人期不来。”笔者祈望各位同行对此书批评指正。

《量子力学语言——狄拉克符号法进阶》前言

1926年,狄拉克发表了《关于量子力学理论》一文。不久,爱因斯坦就写信给荷兰物理学家艾伦费斯特,信中说:“我对狄拉克感到很头疼。就像走在令人眩晕的小径上,在这种天才与疯狂之间保持平衡是很可怕的。”于是,艾伦费斯特就写信给狄拉克,说:“由于爱因斯坦非常希望理解您的论文,我们一干就是几个小时试图理解它……我们要花很长时间才能理解你论著里的几页!而且很多要点对我来说仍然像在漆黑的夜晚里无法看清。”

大约在同一时间,薛定谔在给玻尔的信中这样写道:“狄拉克有一种完全独创性、独特的思维方式,他完全不知道他的论文对普通的读者是多么难。”

另一量子物理学大师海森伯则说:“在量子论中出现的困难,是有关语言运用问题。首先,我们在使用数学符号与普通语言表达的概念相联系方面无先例可循,我们从一开始就知道的只是不能把日常的概念用到原子结构上去。”是狄拉克在总结了海森伯的矩阵力学与薛定谔的波动力学后终于发现了阐述量子理论的精确而自洽的数学形式。狄拉克发明的符号法是优秀而精辟的符号在现代物理学中应用的一次高潮。作为量子力学的标准语言,符号法成功地引入了 q 数和表象理论,“用抽象的方式直接地处理有根本重要意义的一些量”“能深刻地反映物理本质”,并能引申出量子物理中的一系列新概念。

英国物理学家霍金(Hawking)这样论狄拉克的贡献:“他写出了一篇出色的论文,其中他阐述了任何系统的量子力学的一般规则。这些规则结合了海森伯和薛定谔的理论并指出了它们的等价性。在现行量子力学的三个奠基人中,海森伯和薛定谔的功劳是他们各自看到了量子理论的曙光,但正是狄拉克把他们看到的交织在一起并揭示了整个理论的图像。”

关于符号法中的变换理论,狄拉克曾说:“这是我一生中最使我兴奋的一件工作……变换论是我的至爱。”在另一个场合他又说:“我的许多论文仅仅是来自一个十分偶然出现的想法的结果……但是我关于量子力学的物理诠释工作却是一种值得夸奖的成功。”狄拉克认为这套符号法是“永垂不朽”的。

大数学家冯·诺依曼写过一本《量子力学的数学原理》，认为狄拉克的理论体系“就其简洁和优美而言是很难超过的”。

内维尔·莫特(Nevill Mott)曾这样评价狄拉克：“他是能够完全独立工作的极少数科学家之一，如果他有一个图书馆，他可能连一本书和期刊都用不着。”

但是在欣赏符号法的过程中，正如人们在欣赏艺术品时往往会出现的情况那样，是“外貌人人看得见，涵义只有有心人得之，形式的背后对于大多数人是一个秘密”。所以，“微雨夜来过，不知春草生”，一代接一代的后来者们看过和学过狄拉克的书及相关文章何止几遍，但对如何直接地去发展符号法却长期找不到门。

这里我们要反“人云亦云、一般化的、没有自己独特的创新东西”而行之，即揭示出对连续态矢组成的投影算符$|f(x)\rangle\langle x|$是可以积分的(当然此积分要收敛)。这就为牛顿-莱布尼茨积分学开拓了一个新的用武之空间。我们首创有序算符内的积分方法去有效处理 ket-bra 型算符的积分，从而使得量子力学的表象论与变换论“统一与和谐”，正如狄拉克所说：“……对于一个有经典对应的量子动力学系统，量子理论中的幺正变换就是经典理论中切变换的对应。”而 IWOP 技术是找到这种对应的有效方法。

IWOP 技术还进一步揭示了符号法理论的内在完备性、对称性和逻辑简单性，使得人们能进一步了解量子力学数理结构。所谓“外师造化，中得心源，性灵运成，此境顿生”，才能在往后的科研中心游目想，忽有妙会，“笔补造化天无功”。

《从相干态到压缩态》的序与结语

序

早在1951年，爱因斯坦写道：

> “All the fifty years of conscious brooding have brought me no closer to the answer to the question：‘what is light quantum?’ Of course today every rascal thinks he knows the answer，but he is deluding himself.”

爱因斯坦逝世后约10年，伴随着激光器的制作成功，诞生了量子光学。顾名思义，量子光学是涉及那些光学现象（光的非经典性质）——只能用光束是一串光子（光子小涓流）而非经典电磁波的理论解释的一门学问。（涓流可以让人联想到这样一句英语所描写的场景：There was a stream of people coming out of the theatre.）而激光器在一定阈值发出的光展现了扑朔迷离的非经典性质，人们用什么量子态来描写这种光场呢？那就是相干态。那么为何称之为相干态呢？相干是描述光的稳定性的物理概念，在经典电磁论中，光被视为电磁波，人们自然认为最稳定的光是一束完全相干的光，有确定的频率、振幅和位相。激光是一束经典的单色电磁波的量子对应，故而被称为相干态。

为了进一步理解相干态的意义，首先要回顾一下经典光学中什么是光的相干。例如，人们看到的光的稳定的干涉现象是由光的相干性引起的，相干分为时间相干和空间相干。量子光学对光的分析主要针对时间相干而言。光的时间相干性由相干时间定量化。相干时间τ由光的谱线宽度$\Delta\omega$决定：$\tau=1/\Delta\omega$。以一个放电管发光为例，由于很多原子随机地被电激发而辐射出有一定位相的光，原子间的相互碰撞使得相位不稳定，所以带热噪声源发出的白光只有很短的相干时间，而完全单色光是相干性最好的，理论上有无限长的相干时间。介于这两者之间的称为部分相干光，如由放电灯发出的单谱线（有限宽度$\Delta\omega$）。

利用相干态，物理学家们可以从理论上阐述光的非经典性质，这正应了爱因斯坦早在撰写光电效应的论著时就指出的:“用连续空间函数进行工作的光的波动理论,在描述纯光学现象时,曾显得非常合适,或许完全没有用另一种理论来代替的必要,但是必须看到,一切光学观察都和时间平均值有关,而不是和瞬时值有关的,而且尽管衍射、反射、折射、色散等理论完全为实验证实,但还是可以设想,用连续空间函数进行工作的光的理论,当应用于光的产生和转化等现象时,会导致与经典相矛盾的结果……在我看来……有关光的产生和转化的现象所得到的各种观察,如用光的能量在空间中不是连续分布的这种假说来说明,似乎更容易理解。”爱因斯坦的这段话暗示了量子光学这门学科诞生的必然。因此隶属于量子光学范畴的相干态理论应着重讨论它的光子数行为和统计规律。根据量子力学对应原理,也必定存在讨论量子光学与经典光学之间对应的可能性。

单色光波作为一个电磁场,对仪器敏感的是电场,把电场分解为两个正交分量,分别比例于 $\cos\omega t$ 和 $\sin\omega t$。作为单色光波的量子对应的相干态,其两个正交分量的量子涨落相等且等于真空的零点涨落,这说明即便是激光,它也有量子噪声。所以当人们用激光来传输信号时,就会带来量子噪声,零点涨落是降低信号中噪声的量子极限。

为了摆脱这个量子极限的限制,20 世纪 70 年代起物理学家着手研究压缩态,设计制作了压缩光。处于压缩态的光场的一个正交分量的量子涨落减小(其代价是另一个正交分量的量子涨落增大),用压缩光量子涨落小的正交相来传递信息,则可以降低量子噪声。在本书中,笔者将在理论上给出从相干态过渡到压缩态的捷径。

相干态不但是量子光学中的一个核心概念,是激光理论的重要支柱,而且是理论物理学中的一个有效方法。相干态在物理中起了许多重要的作用。例如,它可以非常自然地解释一个微观量子系统怎样能够表现出宏观的集体模式,从而给出经典力学和量子力学的对应,也更利于探索量子力学中的宏观的经典直觉。

相干态在群表示论中也十分有意义。例如,著名的海森伯-外尔(Heisenberg-Weyl)代数的巴格曼(Bargmann)表示使得许多物理问题得以简化。相干态在规范场理论中也日益受到重视。例如,可以用相干态来处理量子电动力学的红外发散。现在相干态已被广泛地应用于物理的各个领域:量子光学和量子信息,原子核物理、凝聚态、泛函积分、夸克禁闭模型,统计物理与超导等。相干态的应用范围也不断扩大,甚至在受人注目的超弦理论中也占有重要地位,在其他学科,如生物医学、化学物理等的研究中相干态的应用也越来越广。

相干态这一物理概念最初是由薛定谔在1926年提出的，他指出要在一个给定位势下找某个量子力学态，这个态遵从与经典粒子类似的运动规律，所谓最接近经典的态，可以从海森伯的测不准不等式$\Delta x\Delta p\geqslant\hbar/2$取等号来判别，对于谐振子位势，他找到了这样的状态。直到60年代初，克劳德(Claude)先从量子力学的数理基础考虑，建立了正则相干态；1963年格劳伯(Glauber)等系统地建立起光子相干态，并研究它的相干性与非经典性，开创了量子光学的先河。人们又证明了相干态是谐振子湮灭算符的本征态，而且是使测不准关系取极小值的态，鉴于相干态有它的固有特点，如它是一个不正交的态，因而具有过完备性(over-completeness)，于是从一个算符的相干态平均值就可以确定该算符本身；又如它是一个量子力学态而又最接近于经典情况，因此人们对于相干态理论的研究与应用的兴趣日益增浓，对相干态概念的推广也作了多种尝试，如人们先后提出了角动量相干态、带电玻色子相干态、费米子相干态、一般位势下的相干态、有确定电荷与超荷的相干态、一般李群的相干态、热不变相干态、非线性相干态等。相干态也可以与量子纠缠关联起来研究，如建立相干-纠缠态。关于压缩态，我们将介绍单-双模组合压缩态，平移和压缩参量关联的压缩态等。本书的重点是向读者介绍构建新相干态和压缩态的方法，关于如何用实验仪器制备，请看其他参考书。

本书的特色是用笔者提出的有序算符内的积分技术构建相干态和压缩态，这是目前在量子光学领域一个最优美简洁和先进的方法，因为它是能够发展狄拉克符号法的方法。相干态理论的首创者之一克劳德也十分欣赏它，他曾写道：

> In all my life there is no greater pleasure than finding a"kindred spirit", someone who shares the same values, beliefs, and goals. In you, good friend, I have found such a person, and I am happy to add that coherent states and the IWOP are just two of the many interests we have in common.
>
> I wish you all success in your future career.

我国历史上著名画家唐伯虎(唐寅)在50岁时曾有诗句："诗赋自惭称作者，众人多道我神仙。些须做得工夫处，莫损心头一寸天。"惭愧称为本书作者的我们，写作中尽量学习唐寅的认真，穷研物理，训练智慧，追求学术境界，但终受学识浅所囿，有误之处，望四方读者不吝指教。

结语

我们已经用有效的方法——有序算符内的积分技术，指出了从相干态到压缩态的捷径，多角度地介绍和分析了量子力学的这两个重要概念，给出了它们的应用与推广。我们在写这本书时，总觉得有读者在旁边鞭策着，正如卞之琳在《断章》那首现代诗中所写的那样：

> 你站在桥上看风景，
> 看风景的人在楼上看你。
> 明月装饰了你的窗子，
> 你装饰了别人的梦。

当我们站在桥上"看"量子力学时，想必，能够欣赏量子力学的人也在看着我们(似乎是某种"纠缠")，真希望我们的这本书能"装饰"了他们的"梦"。而这，又是多么奇妙啊!

《全新量子力学习题》的前言和结语

前言

孔子曰,“学而时习之”,为人师表地指出“习”的重要性。如果把孔子说的作为写一篇八股文的题目,那么首先要破题(破题是分析题义)。古人曾把此题破为“纯心于学者,无时而不习也”(明破)(纯心于学的人无时无刻不用功,即使人生处于逆境,也要学);或破为“学务时敏其功己专也”(暗破)(务必时时刻刻要用功方可成专家)。这就给我们今人举出了如何分析题意的范例,即解题可从因至果,也可从果至因,做物理题更是如此。

要真正理解物理,必须做题。我们不可想象,一个书法爱好者仅仅观摩了 n 次书法展览,评头品足一番后就能写出一手好字。要成为书法家,必须聚墨为池、笔耕不辍、勤奋用心练习,练到握笔的指节上长出老茧,练到随心所欲,才能意在笔先,下笔如有神。所以我们要用多种方法多做物理题,在解题中一方面加深理解,更为重要的方面是孕育创新能力。

做物理题不同于解数学题,做物理题的过程中时时刻刻要顾及物理意义,要学会量纲分析、数量级估计、对称性辨认等。积累了经验,就可以化艰为易,就可以从多个侧面去解,也许就会发现新的真理。

量子力学的题目又难又活,因为量子力学内容丰富,涉及面广,涵义深刻,又不易懂,甚至连费曼这样的天才物理学家也认为没有人真正懂得量子力学,但是通过做题,我们可以趋近“懂”的境界。

本书收编的习题都是新的,新就新在是在发展狄拉克的符号法的基础上编定的。狄拉克曾说:

“The symbolic method, however, seems to go more deeply into the nature of things. It enables one to express the physical laws in a neat and concise way, and will probably be increasingly used in the future as it becomes better understood and its own special mathematics gets developed."

由于符号法是量子力学的语言，具有抽象性与普适性，所以我们在将其发展后就形成了一套新的数理方法，具有广泛的应用。

事实上，这本书不光是一个习题集，爱因斯坦曾说："提出一个问题有时比解决一个问题还难。"或曰："提出一个问题相当于解决此问题的一半。"所以编出新题目，就充溢着创新性，进一步给予新解答，其价值在于体现出物理意义。例如，每个学量子力学的人都知道坐标表象的完备性 $\int_{-\infty}^{\infty} \mathrm{d}q \mid q\rangle\langle q \mid = 1$，大家可能是知其然而不知其所以然。对于这个积分是如何实现的是否作过思考呢？如果我们将这个完备性稍微作一下变换得

$$S_1 = \int_{-\infty}^{\infty} \frac{\mathrm{d}q}{\sqrt{\mu}} \mid q/\mu\rangle\langle q \mid \quad (\mu > 0) \tag{1}$$

那么这个积分又是什么呢？当 $\mu=1$ 时，积分值为 1；当 $\mu\neq 1$ 时，我们就无从得知了，这是一个积分型的投影算符。这个题目看似平庸，而真正实现这个积分并不容易。学会这个积分，你就会看到一道新风景，它不但看似形式美，而且具有抽象美。已故画家吴冠中认为："抽象美是形式美的核心。"对艺术如此，对科学亦然。读者可以通过做这份习题集体会量子力学深处的美。这也说明狄拉克表象理论的确需要发展，我们对狄拉克符号法的理解确实应该更深入。

人的精力与时间有限，所以做题要做基本的、有代表性的、能举一反三的题，切忌智力浪费。

读这本书，难免会为一道题绞尽脑汁数天而不得解。忽一日，茅塞顿开，豁然开朗，或可称为顿悟(改变思维的定式)，这是思考的快乐。让我们期待这样的快乐吧。

结语

新编习题本身是大脑的一种创新活动，它们不但产生于人们的研究过程，也会"冒尖"于有进取心教师的授课中，因为上课会迫使他们再思考已经相当熟悉的问题。有才能的人能从不起眼的地方找出一些有意义的问题来，并把这种多重的感知用艺术手段表现出来；有才能的人也注重解物理题的多种方法，与解数学题不同的是，解物理题不拘泥于找到捷径，因为不同的物理方法体现了

不同的物理思想，而它们对于寻找物理原理都不可忽视。一个典型的例子是量子力学中海森伯方程与薛定谔方程是等价的理论，尽管它们采用的数学形式不同。

好的物理问题有时可以开拓一个崭新的研究方向，就像铸造一个大铜钟那样，“试看脱胎成器后，一声敲下满天霜”。让我们与学生们经常切磋物理问题吧。

《本科生用量子力学教材补遗》前言

教与学任何一门课，必须先了解其用语(notation)。量子论的用语是狄拉克符号。狄拉克在年迈时曾回忆：

> "With regard to this notation, I had to face the problem of writing down symbols which would contain an explicit reference to those factors which it was important to mention explicitly, and which left understood.
>
> Those quantities which it was safe to leave understood, to keep at the back of one's mind and not to write down explicitly…this led to the notation which… has become the standard notation for use in quantum mechanics at the present time."

但是目前国内外流行的量子力学教科书都有几个方面明显的不足，首先是对于量子力学的用语——狄拉克符号法只有初步的介绍，因为是"蜻蜓点水"，对于量子力学的表象与变换解释得不深不透(诚然，狄拉克符号法本身带有一定的抽象性，不易被初学者掌握)，所以给人以"虚晃一枪"的感觉，这严重地影响了本科生对量子力学的理解，以至于他们的大多数在学完一学期的量子力学后，对狄拉克符号略知一二，对量子力学数理结构似懂非懂，没有深刻印象，更不要说了然于胸了。以狄拉克符号为语言的量子力学的数理结构不是某种纯形式化的东西，也不完全是逻辑推导，它是把对物理现象的感知上升到理论的重要环节与方法。就像弄文学的人如果缺乏语感写不好文章一样，不深入了解量子力学的用语也不会娴熟地、恰到好处地应用量子力学表象。首先，如果学生们一开始就能以狄拉克符号为其思想之表象，不必要处处"译"成函数，那么学量子力学理论进步就快了。其次，目前的高等量子力学教材关于算符的基本排序问题，如坐标-动量(Q-P)算符函数的各种排序，乏善可陈。再者，尽管时下量子纠缠与量子信息已风靡物理界，但流行的教科书从未介绍过连续变量量子纠缠态表象的知识，这部分能深刻反映爱因斯坦等三人质疑"量子论是否是完备的知识体系"长期以来被忽略了，更不要谈介绍纠缠态表象的各种应用了。

鉴于以上诸种不足，我们觉得有必要为本科生写一本量子力学知识补遗教材。关于教学，物理学家费曼曾写道："首先想好你为什么要学生学这个专题，然后想好你要学生知道什么，于是讲述的方法就会或多或少地由'常识'(common science)而来。"我们这本书要使读者熟悉量子论的用语和表象变换("常识")，这不但能进一步帮助扩充与时俱进的必要基础知识，提高研究物理的灵活性和想象力，还可以让他们认识到物理实在是可以用美的数学表现的。而针对算符函数的各种排序，本书将指出解此问题的新途径，即使它与量子力学表象变换相关，不但建立新的纯态表象，而且引入混合态表象。关于量子纠缠态表象，本书在引入后，将介绍它在研究量子退相干和激光的熵等方面的应用。

苏东坡学士说："知之者不如好之者，好之者不如乐之者。"要提高本科生对量子力学的兴趣一定要在基本点上下功，努力把寓于狄拉克符号法中深层次的物理内涵与应用潜力揭示出来，使他们达到知其然又知其所以然的新境界。一如狄拉克本人所言，"符号法，用抽象的方式直接地处理有根本重要意义的一些量"，"但是符号法看来更能深入事物的本质，它可以使我们用简洁精练的方式来表达物理规律，很可能在将来当它变得更为人们所了解，而且它本身的特殊数学得到发展时，它将更多地被人们采用"。笔者不才，几十年独辟蹊径，致力于实现狄拉克的愿望，在艰辛尝试了如晚唐诗人贾岛"独行潭底影，数息树边身"那样的辛苦，又经历了"意有所郁结，不得通其道"的徘徊后，终于对深化与发展狄拉克符号法独有心得，发明了简单却又实用优美的"有序算符内的积分技术"来深化人们对量子力学数理结构的认识，展现了"大道至简，大美天成"的景象。所谓"两句三年得，一吟双泪流。知音如不赏，归卧故山秋"。国内优秀前辈物理学家中最早欣赏"有序算符内的积分技术"的是我国"两弹一星"元勋彭桓武先生，1989年中国科学技术大学人事处将笔者晋升教授的申报材料寄给他审批，就得到了他的批准；而后我国"氢弹之父"于敏先生两次赐信给笔者给予鼓励，著名理论物理学家何祚庥先生等也表扬过这个理论，可见他们的睿智与识才爱才。在本书中笔者将把平生所学与年轻的大学生们分享，使得他们：(1) 初步掌握IWOP技术对发展狄拉克符号法的贡献，了解它的若干优美的物理应用；(2) 深入了解量子力学表象与变换的本质；(3) 借助IWOP技术了解量子衰减的物理机制；(4) 引入混合态表象来掌握算符排序的新理论；(5) 了解IWOP技术对于发展量子力学与经典力学的对应的贡献；(6) 了解用IWOP技术如何自然地引出压缩算符和纠缠态表象。总之，让他们欣赏量子力学中"看似平凡却崎岖"的一道风景，了解物理-数学中蕴含的科学美，在科学思想的培养与计算能力的提高方面都得到有效的训练，以达到移情的目的；并让他们体会狄拉克所说的"……一旦有了发现，它往往显得那么明显，以至于人们奇怪为什么以前会没有人想到它”这句话的涵义。虽然天才物理学家费曼曾无可奈何地说:“没有一个人懂量子力学,我认为这样说并不冒风险,要是你有可能避开的话,就不要老是问自己‘怎么会是那个样子的呢?’……”但是我们相信,在懂得了对量子力学的 ket-bra 算符积分的 IWOP 技术以后,在看到了狄拉克符号法中的韵律和美以后,底气不足的读者对于现行量子力学数理基础正确性的信心就会大大增强。

胡适先生说:“凡成一种科学的学问,必有一个系统,绝不是一些零碎堆砌的知识。”狄拉克符号法经用 IWOP 技术发展后,就有了生气与灵动,不再是“一幅山水画却缺乏动感”,而成为一个严密的、自洽的、内部可以自我运作的数理系统,它把态矢量、表象与算符以积分相联系,又把表象积分完备性与算符排序融合,不但可以导出大量有物理意义的新表象和新幺正算符,而且提供了量子力学与经典力学对应的自然途径,因而有明显的科学价值。读者将体会到 IWOP 技术实现了将牛顿-莱布尼茨积分直接用于由狄拉克符号组成的算符以达到发展量子论数理基础的目的,为量子力学推陈出新开辟了一个崭新的研究方向,成为狄拉克符号法的有机组成部分,也为数学界提供了一个新的研究领域。人们对狄拉克符号法与连续变量纠缠态表象的认识会更上一层楼。

苏东坡学士说:“范淳夫讲书,为今经筵讲官第一。言简而当,无一冗字,无一长语,义理明白,而成文粲然,乃得讲书三昧也。”本书要补遗以往量子力学教科书,“接前人未了之绪,开后人未启之端”,需有才、有胆、有识、有力;“人有才则心思出,有胆则笔墨从容,有识则能取舍,有力则可自成一家”。这是一个很高的目标,我们在写作时要以简练符号和新的角度分析问题与解决问题,以清晰的思路整理脉络,以新颖简明的思想和有效方法给读者以科研启迪。

朱熹说:“人之为学,当如救火追亡,犹恐不及。小立课程,大做功夫。”如今笔者虽已年过七旬,仍然有追求学术境界、补遗优美知识得以滋润身心的上进和迫切之心,故写出此书与优秀的本科生、研究生交流。但“书被催成墨尚浓”,笔者难免受学识之浅、时间有限所囿,有误之处,望四方读者不吝指教。

《狄拉克符号法进阶》序言

1930年,狄拉克的书《量子力学原理》问世了,该书文风简练、"文章合有老波澜",皆由博返约之功,如"成年之酒,风霜之木,药淬之匕首,非枯槁简寂之谓"。一代又一代的物理学生,从对这本书的学习中成长起来。

梅曾亮说:"文在天地,如云物烟景焉,一俯仰之间,而遁乎万里之外。故善为文者,无失其机。"为了不失时机地承继与发展狄拉克的《量子力学原理》一书中的数理基础,必须力学苦思,经年不倦。尤其是要写一本论述狄拉克符号法进阶,"接前人未了之绪,开后人未启之端",作者则需有才、有胆、有识、有力。古人云:"人有才则心思出,有胆则笔墨从容,有识则能取舍,有力则可自成一家。"以此衡量,我们的才能则不逮中人之余,我们的学识则又未窥量子论之万一,实不敢以覆瓿之作自炫而跻身于名作者之列。但同行朋好有恐我们的研究心得消沮闭藏以没世,督促我们将它们见于读者,祈望本书不为诸君子所鄙。

我国历史上著名画家唐伯虎(唐寅)在50岁时曾有诗句:"诗赋自惭称作者,众人多道我神仙。些须做得工夫处,莫损心头一寸天。"惭愧称为本书作者的我们,写作中尽量学习唐寅的认真,穷研物理,训练智慧,追求学术境界,但终受学识浅所囿,有误之处,望四方读者不吝指教。

理论物理学家与数学家思维方法的异同

常常有理论物理研究生来问我，他们的数学基础不够，是否要遍学各门数学后，再来研究物理理论。他们举例说，超旋理论就需要很高深的数学功底才能领会。我自己年轻时也以为要多学数学系的课，如拓扑、实变函数、微分几何等，才可以做理论物理，在这种思想支配下我也花了不少时间去听这类课，可是事与愿违，我听过的这些课对我以后的科研并无帮助，这也许是我对纯数学的感觉不够。但是几十年来的科研经验促使我对研究生的这个问题作如下回答：

理论物理学家与数学家的研究对象并不全同，前者直接探索自然界的客观规律，“格物致知”。例如，普朗克从分析钢水的颜色和温度的关系，悟出了量子的存在，这显然不是数学家干的活。后者研究从自然界抽象出来的数与形（代数、几何）。但他们有共同处：(1) 都需要顿悟与直觉。(2) 都欣赏数学美。(3) 都关心数学公式的普适性。(4) 都需要天才的出现，物理学家中如狄拉克和费曼；数学家中如华罗庚和拉马努金(Ramanujan)。

所以理论物理学家既要向数学家学习，学习他们开掘的知识和一些方法，逻辑推导能力，也要注意不同处：

1. 物理书(非实验的)充满数学公式，但是思想和理念不是数学公式，需要对其进行物理解释。从数学公式中把握物理既是理论物理学家的天职，又是其独具之才。

2. 理论物理的结果急需实验检验。爱因斯坦的广义相对论充满数学公式，其有效与否由爱丁顿的天文观察判断。而当初数学家引入虚数，并不必关心其“客观实在”，是理论物理学家和工程师给它找到了应用：对于量子力学相位，理论物理学家更强调物理意义与应用。对于矩阵也是如此。数学在物理中有用才显得珍贵，数学在物理中找到归宿。

3. 理论物理学家自己根据直观需要创造数学。如狄拉克创造了 δ 函数，为数学家创造了研究广义函数的机会，费曼创造的路径积分，我创造的对由狄拉克符号组成的算符的积分，不受数学家的思维模式的束缚。

4. 理论物理学家自己的思维模式和方法，与数学家不全相同。爱因斯坦曾诙谐地说:“自从数学家入侵了相对论以来,我本人再也不能理解相对论了。”例如,匈牙利数学家罗莎·培特(Rozsa Peter)给出一个事例:

> 有人提出了这样一个问题:“假设在你面前有煤气灶、水龙头、水壶和火柴,你想烧开水,应当怎样去做?”对此,某人回答说:“在壶中灌上水,点燃煤气,再把壶放到煤气灶上。”提问者肯定了这一回答。但是,他又追问道:“如果其他条件都没变化,只是水壶中已经有了足够多的水,那么你又怎样去做?”这时被提问者往往很有信心地回答:“点燃煤气,再把壶放在煤气灶上。”但是,这一回答却未能使提问者感到满意,因为,在后者看来,更为恰当的回答:“是只有物理学家才会这样做;而数学家则会倒去壶中的水,并声称他已经把后一问题划归成先前的已经得到解决的问题了。”可见数学家习惯于回归思维,而理论物理学家更倾向于直截了当。

5. 数学家不过分强调问题的特殊方面,诸如特定的物理意义、特定的数值等,而尽可能从更为一般的角度去进行研究。而物理学家恰恰相反,他更注重物理模型和具体的物理现象。

6. 从19世纪中期开始,数学不再被认为是对于依附于真实事物或现象的数学模型的研究,而是以相对独立的数学模式作为直接的研究对象。从而也就达到了更高的抽象程度。而物理学家注重对真实事物的研究。

7. 物理系学生在大学阶段学的数学家的数学语言会无形中遏止理论物理学家的“浪漫”想象。

8. 物理系学生掌握跳跃式的方法靠数学。

9. 对于数学家而言,一旦掌握了解决某个题的捷径,其他的方法可以不必深究;而对于同一个物理问题,应该从不同的角度来分析与考察,往往会看到新的物理。

总之,尽管前沿理论物理学家愈来愈重视数学,希望物理理论与数学家的成果自洽或是殊途同归,但是物理学家在探索的过程中不能期望数学家来雪中送炭,而必须自力更生。

所以,我不主张理论物理研究生遍学或涉足各门数学后,再来研究物理。否则,会陷入邯郸学步的困境。

论由狄拉克符号组成的算符之积分
——从牛顿-莱布尼茨积分谈起

现代科学始于17世纪牛顿-莱布尼茨创立的微积分。数学史在这个时期竖立起了一座里程碑——牛顿和莱布尼茨各自独立地发明了微积分。尤其是莱布尼茨发明了微分号d和积分号$\int$,大大简化了高等数学的表达方式,也节约和精练了人们的脑力。现在,这门数学技术早已成为每个理工科学生的必修功课,其重要性就相当于绕口令之于相声演员,腹式呼吸之于歌唱家。在这以后,积分学有两个发展的方向,在18世纪,泊松(Poisson)将复数引入微积分,美国数学史家克兰(Crane)说:“泊松是第一个沿着复平面上的路径实行积分的人。”随之出现了关于围道的柯西积分定理。20世纪初,勒贝格(Lebesgue)将积分推广到被积函数不可微的情形,数学从此有了实变函数论这个方向。当然,微积分作为数学工具应用于物理和工程,主要靠牛顿-莱布尼茨积分和泊松-柯西积分。

沿着物理专业的经典教科书一路翻下来,微积分运算就像空气一样自然而且无处不在,弥漫在字里行间,风光无限。牛顿-莱布尼茨积分推动了经典物理的发展。到了20世纪,普朗克破天荒地发现了量子,拉开了量子力学的序幕,量子力学是从经典力学“脱胎”而出的,它是虽与经典力学大相径庭,却又与之有着千丝万缕联系的一门科学。由于量子力学中许多物理概念与经典力学截然不同,因此量子力学需要有自己的符号,或是“语言”。符号是一门科学的“元胞”,是人们用以思考的“神经元”,是反映物理概念的数学记号。由于思想是没有声音的语言,一套好的记号可以使头脑摆脱不必要的约束和负担,使精神集中于专攻,这就在实际上大量增强了人们的脑力,使人们的思考容易引入深处和问题的症结。这正如音乐有五线谱和简谱两种记录方式,但前者比后者要直观、方便和科学得多,所以国际上都采用五线谱。诚如20世纪20年代海森伯所说:“在量子论中出现的最大困难,是有关语言运用问题。首先,我们在使用数学符号与用普通语言表达的概念相联系方面无先例可循,我们从一开始就知道的只是不能把日常的概念用到原子结构上。”在总结了海森伯的矩阵力学和

薛定谔的波动力学后，狄拉克发明了符号法，奠定了量子力学的数理框架，他引入了左矢和右矢的记号，在此基础上又建立了表象及相应的变换理论；但是如果仅仅把符号法理解为只是一种数学方法，那实际上就没有理解狄拉克在物理观念上对量子力学所作的革命性的贡献。狄拉克说："关于新物理的书如果不是纯粹描述实验工作的，就必须从根本上是数学性的。虽然如此，数学毕竟是工具，人们应当学会在自己的思想中能不参考数学形式而掌握物理概念的符号法更能深入事物的本质。"由他搭好的这个符号法框架，多年来，被认为是简明扼要而又深刻形象地反映了物理地本质。例如，他把入态记为$|\mathrm{in}\rangle$，经过仪器或相互作用（算符，用$\hat{F}$表示），而变为出态$\langle\mathrm{out}|$，这个过程记为$\langle\mathrm{out}|\hat{F}|\mathrm{in}\rangle$。但是有了符号，还需要有相应的运算规则与之匹配。正如阿拉伯数字符号0，1，2，…，9被发明后，需要引入相应的加、减、乘、除运算规则，而它们又是不断地被发展着的，从平方、乘方、取对数，直到牛顿-莱布尼茨发明微分、积分。因此，对量子力学符号也应发展相应的运算规则。爱因斯坦曾指出："在物理中，通向更深入的基本知识的道路是与最精密的数学方法相联系的。"

1966年我在狄拉克1930年写成的名著《量子力学原理》里，看到了狄拉克从物理测量的完备性给出了一个用积分定义的坐标表象完备性公式，以及一句留给后辈物理学工作者的话："……在将来，当它（符号法——笔者注）变得更为人们所了解，而且它本身的数学得到发展之时，它将更多地被人们所采用。"这个公式以及这句话的意味深长给了我灵感，意识到要对由ket-bra符号组成的算符真正实行积分，如怎样完成积分$\int_{-\infty}^{\infty}\mathrm{d}q \mid q/2\rangle\langle q\mid=?$

终于到了1978年我考上了中科大理论物理研究生，才有机会着手此课题的研究。我注意到积分运算在由ket-bra符号组成的算符面前遇到了困难，原因是ket-bra中包含了不可对易的算符。到了20世纪80年代，我终于发明了"有序算符内的积分技术"，使牛顿-莱布尼茨规则可以自然而然地应用于ket-bra算符的积分。它既发展了狄拉克的符号法，使符号法更完美更实用，又推进了微积分方法到一个新的领域，我是国际上第一个实现对ket-bra符号组成的算符积分的人。

我关注的这类积分包括大量的幺正变换，也可用于表明各种表象的完备性；完成这类积分，就可以找到许多新的物理态与新的表象，从而推陈出新，使量子力学有一个别开生面的发展。这样一来，许多量子理论中貌似艰深的、常令人敬而远之的公式变得很容易解读，它们的物理意义更加明了，数理结构的内在美通过数学的发展而再次折射于世人眼前。黎曼说过："只有在微积分发明之后，物理学才成为一门科学。"对于狄拉克符号法而言，在IWOP技术被发明之后，便更能显示出它的巨大价值所在了，也进一步反映了狄拉克发明符号的天才性。一位外国同行曾说："只有在IWOP技术发明之后，量子力学的数理基础才趋于完善。"所以他在国际杂志上专门发表综述文章，介绍和赞扬这一方法，并称之为"范氏"方法。

有一次英国物理学家汤姆孙在课堂上讲："一个真正的数学家看到高斯积分时，就如同看到了 $2\times2=4$ 一般觉得显然。因为他们早已将验算高斯积分时所需的每个细节了然于胸，侠之大者，眼界自然非凡。"现在通过对 ket-bra 算符的积分，完备性公式转换成某种算符有序的高斯积分，所以汤姆孙的这个说法对于量子物理学家同样成立。

那么对连续态右矢和左矢所组成的投影算符 $\int q/u\rangle\langle q\mid \mathrm{d}q$ 的积分运算，从1930年的《量子力学原理》问世以来，为什么没有受到人们的关注去真正实现这个积分，其中两个主要的原因可能是：天才所创造的这套符号比较抽象，人们不知道它是怎么被想出来的，也没能真正地、完全地理解它，以至也提不出对连续态右矢和左矢所组成的投影算符实现积分的问题。一般认为深入研究过的课题别人也很难再有所大作为。尽管在该书中对符号法预言，"在将来当它变得更为人们所了解，而且它本身的数学得到发展时，它将更多地被人们所采用。"但是从1930年到1980年的半个世纪中，我们没有看到一篇真正地、直接地发展符号法的文献，以致人们慢慢遗忘了这种期望。

我国当代文学家王蒙曾在《符号的组合与思维的开拓》一文中指出："语言是一种符号，但符号本身有它相对的独立性与主动性。思想内容的发展变化会带来语言符号的发展变化，当然，反过来说，哪怕仅仅从形式上制造新的符号或符号的新排列组合，也能给思想的开拓以启发……思想比较丰富的人语言才会丰富，思想比较深沉的人语言才会深沉，思路比较灵活的人语言才会灵活……反转过来，语言的灵活性、开拓性、想象力也可以促进思想的灵活、开拓，促进想象力的弘扬与经验的消化生发。"这就解释了为什么是狄拉克而不是其他著名的物理学家发明了符号法，因为狄拉克不但有极高的数学天分，而且具有不说废话的魅力。我发明的"有序算符内的积分技术"不但能成为符号法的有机组成部分，而且可以使读者研究物理的灵活性、开拓性、想象力得到极大的提高。我在国外讲学时，有的外国听众说："如果狄拉克还健在，他会感谢范洪义发展了他的符号法。"

可以说，如果一个人光知道符号，而不知道"有序算符内的积分技术"，那么他就看不到符号更深层次的美感与震撼力，也不能体会为什么狄拉克曾不止一次地讲到他一生中最喜欢的工作就是用符号法对量子力学所作的诠释，也不会灵活运用符号。了解IWOP技术以后就可以对符号知其然又知其所以然,极大地提高科研能力和对量子理论的鉴赏能力,要知道鉴赏本身也需要人们的创新思维。

歌德曾说过:“独创性的一个最好的标志,就是在选择题材之后,能把它加以充分发挥,从而使得大家承认,压根儿想不到会在这个题材里发现那么多东西。”看看我的五本专著,你就知道此言不虚。

《量子力学的算符多项式理论及应用》前言

自1900年普朗克发现能量子后，量子力学由玻尔的老式量子论发展为由海森伯、薛定谔和狄拉克为主创的新量子论，其间经历了二十多年的时间。海森伯与薛定谔分别用矩阵力学与波动力学描述量子力学，他们以各自的角度看到了量子力学的曙光。这里使人想起唐诗所写的“大漠孤烟直，长河落日圆。”“欲穷千里目，更上一层楼。”这“更上一层楼”的历史使命由狄拉克承担了。狄拉克认为既然矩阵力学与波动力学处理同一问题有等价的结果，就应该可以找到单一的更优美的、更抽象的方法来统一它们。1926年，他提出了高于矩阵力学与波动力学的数学形式，即符号法（或称为变换论），其基本符号是ket和bra，代表互为共轭的态矢量，海森伯的跃迁矩阵元写为$\langle|A|\rangle$，薛定谔的波函数写为$\langle|\rangle$，使对量子力学的描述可以从一个样本自然地转向另一个样本，狄拉克从数学上演绎了量子力学的逻辑，首创了表象，也为量子力学的数理打下了简洁优美的符号基础。1927年10月，在比利时首都布鲁塞尔召开的第五届索尔维会议上，海森伯和玻恩当众宣布：“我们认为量子力学是一个完备的理论，它的基本的物理和数学假设不再容许修正。”

但是，狄拉克在1930年的《量子力学原理》中写道：“符号法，用抽象的方式直接地处理有根本重要意义的一些量……但是符号法看来更能深入事物的本质，它可以使我们用简洁精练的方式来表达物理规律，很可能在将来当它将变得更为人们了解，而且它本身的特殊数学得到发展时，它将更多地被人们采用。”

可见，一方面狄拉克承认符号法是抽象的。诚然，理论物理需要抽象思维，在人们的研究进程中，往往处于进退两难的窘境之中：理论可能会不够抽象，并错失了重要的物理学；也可能过于抽象，结果把我们模型中假设的目标变成了吞噬我们的真实的怪物。有没有一种非常精妙的数学方法，使得抽象的符号法“飞入寻常百姓家”。

另一方面，狄拉克也意识到符号法本身的数学被人理解得还不够，直到狄拉克1984年去世，它的潜力与应用尚未被充分地挖掘。很多有经典物理背景的量子变换也属未知，寻找新的有物理意义的表象也匮乏好的办法。总之科学中的艺术灵感与量子逻辑的发展尚不平衡，尚需新的能窥探物理艺术的人出现，这些人具有巧妙的、基本的科学思维，能出奇招。在这种当口，理论物理学家不能期待数学家“雪中送炭”，而要自创新数学。实际上，理论物理学家从认识自然界的进程中也为数学家创造机会。

就像狄拉克的函数开启了数学领域中的广义函数的一扇门那样[进入此门取得斐然成果的是法国数学家施瓦茨(Schwarz)，他因后来提出的分布论得了菲尔兹奖]，狄拉克所开创的量子力学符号也向数学家暗示了对 ket-bra 符号积分的可能性，同时也暗示了符号法有它本身的特殊数学亟待发展。《量子力学的数学基础》中把原子的状态用希尔伯特空间的矢量来描写，矢量的转动既可对应海森伯的矩阵，又可对应薛定谔的波函数，并讨论了量子力学的公理化表述，但他没有想到简洁的 ket-bra 符号，也谈不上把积分技术推广到 ket-bra 去。有时候有天赋的人也不一定想到提出好的问题，尽管这个问题可能触手可及。而注意“寻常出崎崛”的寻常人也有可能打开深入理解量子力学表象与发展量子变换的一扇新门。

回顾17世纪牛顿-莱布尼茨创立微积分后，18世纪，泊松将复数引入微积分，美国数学史家克兰说：“泊松是第一个沿着复平面上的路径实行积分的人。”而柯西(Cauchy)提出了复变函数积分公式。19世纪中叶，勒贝格将微积分推广到被积函数不可微的情形，并由此创立了实变函数论。20世纪进入了量子年代后，微积分运算能否对狄拉克发明的 ket-bra 符号组成的算符进行呢？这个问题首先由笔者提出并予以解决。

希尔伯特说：“只有把一门学科的所有数学内核都挖掘出来，它才能成为一门科学。”那么，对狄拉克发明的 ket-bra 符号组成的算符进行积分，这仅仅是数学方法的进步吗？

1933年，爱因斯坦曾说：“创造性原理存在于数学之中。”在1946年写的《自述》一文中，爱因斯坦写道：“通向更深入基础知识的道路是同最隐秘的数学方法联系着的。只是在几年独立的科学研究工作之后，我才逐渐明白了这一点。”例如，他曾认为闵可夫斯基(Minkowski)把四维时空引入狭义相对论的做法没有必要，甚至觉得把此理论写成张量形式简直就是画蛇添足之举。后来他才意识到闵可夫斯基的做法促成了狭义相对论推广为广义相对论。可见，精美的数学对于物理概念的形成及深化起了关键作用。

针对狄拉克简洁的符号 ket$|\,\rangle$与 bra$\langle\,|$组成的投影算符，笔者于1966年首先提出如何实现对$\int_{-\infty}^{\infty}\mathrm{d}x\,|\,x/\mu\rangle\langle x\,|$积分这一问题。注意到做这件事的困

难是：这是一个对算符的积分，而这个算符的内涵可能又包含了一些不可对易的基本算符，那么这些基本算符是什么呢？另一困难是：对于包含不可对易成分的对象的积分（求和）本身就含糊不清，譬如说对于 $\int d\lambda e^{\lambda\hat{x}} e^{\lambda\hat{p}}$ 而言，由于坐标算符 $\hat{x}$ 与动量算符 $\hat{p}$ 不可交换，积分是对 $e^{\lambda\hat{x}}$ 积呢还是对 $e^{\lambda\hat{p}}$ 积呢？

这种困惑一直伴随笔者到 1978 年，那时他才注意到大多数的算符都可以用福克(Fock)空间的产生、消灭算符（基本算符）表示出来，也就是说首先应该把$|\rangle\langle|$表示为 a 与 a^+ 的函数，然后设法让 a 与 a^+ 在某种排序规则的记号内可以交换位置（对易）。这样一来，a 与 a^+ 在做积分时就只是扮演了参变量的角色。笔者注意到了在学习量子场论时玻色算符的一种正规排序（normal ordering)，如在一个由 a 与 a^+ 的函数所组成的单项式中，所有的 a^+ 都排在 a 的左边，则称其为已被排好为正规乘积了，可以$::$标记。由于它已经是正规排序的算符，因此在$::$的内部，a 与 a^+ 是可以交换的（因为无论它们在内部如何任意地交换，而当要撤去$::$时，所有 a^+ 必须排在 a 的左边，在$::$的内部 a 与 a^+ 的任何交换不会改变其最终结果），于是积分就可以对$::$内部的普通函数（以 a 与 a^+ 为积分参数）进行了。所以对$|x/\mu\rangle\langle x|$积分的步骤是：首先，将它用 a 与 a^+ 展开，然后，将其纳入正规排列，套上$::$后，a 与 a^+ 就从原来的不可交换变成可对易了，就可以实现对 x 积分了，积分过程中保留$::$。而在积分后去掉$::$时，事先把产生算符都置于消灭算符的左边。这样一个积分技术称为“有序算符内的积分技术”，它揭开了发展量子力学表象与变换理论的新的一页，也实现了由表征与符号的阶段向所谓“纯结构”阶段的转变。

狄拉克的符号既简洁又抽象。抽象的东西能深刻反映物理本质，但抽象的东西也使初学者望而生畏。现在能有办法对由 ket$|\rangle$与 bra$\langle|$组成的投影算符积分，积分的结果如有明显的物理解释，那我们就少了一些对抽象的敬畏，并能进一步揭示狄拉克符号法更深层次的美。狄拉克看重的数学美在于它的简单性。“有序算符内的积分技术”体现了美学价值。$\int_{-\infty}^{\infty} dx \mid x/\mu\rangle\langle x \mid$ 的积分结果是美的，进一步揭示了狄拉克符号的美。

狄拉克坚信：“一个物理规律必须有数学上的美。”他又说：“数学美是一种质感，它不能定义。”在某个场合，他对理论物理学家说：“让数学成为你的向导，至少是在开始的时候……首先为了它自身的原因玩味漂亮的数学，然后看这个是不是引导到新物理。”诚如读者将要在本书中看到的，“有序算符内的积分技术”导出了大量的新表象、新变换和新的物理态，解决了不少物理问题。中国古典哲学家老子曾说：“道可道，非常道。”而用狄拉克的符号法我们可以“理推理，趋实理”。

结合 IWOP 技术，本书提出把常见的特殊函数的自变数(宗量)以量子力学的算符(坐标算符、动量算符或粒子数算符等)来代替，别开生面地研究算符特殊函数的各种形式。由于量子力学的算符一般是不对易的，特殊算符函数的编序问题是一个全新的数理问题，我们从中将导出很多新的特殊算符函数的恒等式，它们的用途如下：

1. 更深刻地建立经典函数的量子对应，有助于量子相空间理论的进展。

2. 方便而直接地计算各种物理量，如矩函数、累积函数等。

3. 从量子算符特殊函数的新公式过渡到经典，可导出很多新的特殊函数的母函数公式。

4. 借助量子算符特殊函数的新公式可找出沟通各种特殊函数之间的新关系。

5. 比较量子算符特殊函数各种编序及量子论的表象完备性可以导出许多有用的新积分公式(而并不需要真正地做积分)。

6. 可用量子算符特殊函数恒等式丰富量子论的表象论与变换论。

7. 发现若干特殊函数的新的级数展开及其倒易关系。

8. 对于量子算符特殊函数实行量子变换可导出新的恒等式。

爱因斯坦说：“任何人一旦掌握了他所从事学科的基础理论，并且学会了独立思考和工作，他必定能找到自己的前进之路，并且与那些以获得知识细节为主要目的的人相比，他必定能更好地适应进步和变化。”以这一思想为指导，与以往所有的数学物理方法或教材主要的内容是介绍特殊函数解与偏微分方程相比，本书另辟蹊径，提出将常用的特殊函数推广到由量子力学的算符为自变量的特殊算符函数。结合笔者发明的“有序算符内的积分技术”来审视数学物理的内容，取得了很多新的有物理应用的成果，极大地丰富与发展了数学物理的内容，也更有利于与物理内容尤其是量子力学的更密切的结合，也使得量子力学的狄拉克符号得以发展。

理论物理研究生的难得糊涂

学术上，一般都以为每一步都要搞懂，才称为严谨，前面不懂，后面绕不开。其实，只要在自己的论文不出错的情况下，难得糊涂也是情有可原的。

首先提出电子有自旋的是乌伦贝克(Uhlenbeck)和古德斯密特(Goudsmit)，他们把这一发现告知老师艾伦费斯特后，老师建议他们写成一篇短文交给他寄出发表。由于艾伦费斯特拿不准是否对，于是建议他们去请教洛伦兹(Lorentz)。洛伦兹是荷兰物理界的泰斗，他的意见一般被认为是至理名言。

1935年10月中旬的一天，乌伦贝克和古德斯密特找到了洛伦兹教授，洛伦兹非常客气，但表示不能苟同他俩的结果，于是约好次一周再讨论。一周以后，洛伦兹给这两个年轻人看写得很漂亮的计算稿，并给予解释，指出：电子的古典半径是 $r=e/(mc)$，如果它以角动量 $h/2$ 旋转，那么电子表面的速度将会是光速的10倍，这是不可思议的。乌伦贝克和古德斯密特听后脑袋都要炸开了，尽管对于洛伦兹的理论还没有完全搞明白，但已经意识到他们的发现是胡扯。两人急急忙忙找到艾伦费斯特，请求撤回稿件。不料，艾伦费斯特说，这文章早已投出，快要印出来了，并安慰他们说年轻人犯些傻事不足为怪。

到了11月中旬，此文章问世了，21号古德斯密特意外地收到海森伯的一封信，指出此文章很好，解决了某些方面现存的所有困难。自旋确实存在。乌伦贝克和古德斯密特的难得糊涂造就了其辉煌成就，真是大智若愚。

学术上的难得糊涂与不求甚解同出一辙，我们不可能什么都懂，我们经常在还没有全面搞懂一个专题的来龙去脉时就投入研究，我们经常在科研的征程中遇到迷雾而跌跌撞撞。对别人的成果我们不必全搞懂，糊涂些不要紧，要紧的是对自己的成果要胸有成竹，毕竟像乌伦贝克和古德斯密特那样走运的，并不多见。而洛伦兹教授的失误是他仍然用经典的图像去处理没有经典对应的电子自旋。

大物理学家费曼曾很负责地说："没有一个人懂得量子力学，我认为这样说并不冒风险，要是你有可能避开的话，就不要老是问自己‘怎么会是那个样子的呢?’否则你会因此而陷入一个死胡同，还没有一个人能够从那里逃出。怎么会是那样的呢？没有人知道。”这真是一段解释难得糊涂的妙言。

对于费曼的这段议论，我也有同感，量子纠缠就是一个欲说还休的课题，1935年玻尔与爱因斯坦的争论导致艾伦费斯特陷入痛苦而自杀。倒是用我国历史上南唐李后主(李煜)的“剪不断，理还乱”来说明量子纠缠比较贴切，既然是“理还乱”，那就别“理”了，难得糊涂吧。联想到自己刚发明了有序算符内的积分理论，对于这个方法是否正确，还是有点懵懵懂懂的，一直到验证了ket-bra积分能直接给出正规乘积形式的压缩算符，才相信这是真的。

古人云：“模糊与精明相对，却又与糊涂各别。大抵糊涂是不能精明，模糊是不为精明。”所以现在出现有“模糊数学”这类课程，它却不是教人糊涂。

其实，要做到难得糊涂本身也是难的，什么该清楚，什么可以糊涂，这需由聪明到糊涂的转化，所以还是要聪明在先。清代文人郑板桥早就有《难得糊涂》说，我于是附和：

（一）

爱绕竹林行，追寻糊涂难。
望竹慕板桥，抚笋欲冒尖。

（二）

问君何事展愁靥，思考进退维谷间。
往复窄巷屡错门，左右宽拓终逢源。
琐事临前犯糊涂，论文做后求精练。
积露汇泉涌专著，不成经典不释卷。

理论物理研究生的培养:无师自通

在多年的教学科研生涯中我偶尔能遇到少数的研究生是无师自通的,他(她)们的自学能力奇强,能将所学知识融会贯通,甚至使用它们时潇洒自如、手到擒来。更有甚者思考方式新奇,能出"怪招"。他(她)们无需老师点拨便能自己撰文,有所发现。没有老师的传授就能通晓。唐代贾岛《送贺兰上人》诗中有"无师禅自解,有格句堪夸",很适合来形容这类学生。唐朝的慧能虽然文化程度不高,却能听出老妪念经的经文意思,后来他在湖北黄梅县的五祖庙出家,在没有人指点的情形下写出偈语:"菩提本无树,明镜亦非台。本来无一物,何处惹尘埃。"可谓无师自通,使得五祖弘仁对他另眼相看,还把衣钵传给他。但是禅与理论物理的"悟"大不相同,前者是不需要逻辑和推理分析的,而物理的"悟"最终要推理帮助,才能令人信服。

近代物理学史上,爱因斯坦在没有老师点拨的情况下,在专利局的工作余暇想出了相对论,同样在没人指点的情况下,提出解释布朗运动的理论;狄拉克的老师是搞统计力学的,是狄拉克自己发明了量子力学的符号法;我国数学家华罗庚也是如此。可见,物理学家和数学家中确有无师自通的人。

在学术上能融会贯通谈何容易,更不要说是无师自通了。《聊斋》中有一个题为"仙人岛"的故事,讲一个叫王勉的秀才自命不凡,在众仙人前慨然诵近体一作,中二句云:"一身剩有须眉在,小饮能令块垒消。"却被一名叫芳云的仙女评为:"上句是孙行者离火云洞,下句是猪八戒过子母河也。"一座抚掌。王勉以为世外人必不知八股业,乃炫其冠军之作,诵至佳处,兼述文宗评语,有云:"字字痛切。"被芳云评为:"宜删'切'字。"王诵毕,又述总评:"羯鼓一挝,则万花齐落。"而芳云又评:"羯鼓当是四挝。"两次评价的意思是:"去'切'字,言'痛'则'不通'。鼓四挝,其声云'不通又不通'也。"王勉初以才名自诩,目中实无千古,至此神气沮丧,徒有汗淫。

无师自通的人一定是天才方能做到的吗?不然,我们看《儒林外史》中的王冕,他学画时是师法自然,并没有老师的指点。王冕也非天才,只是看到荷花池塘风景美丽而萌生画景的念头,可见兴趣是成才之本。王冕的名言是"不要人夸好颜色”,正是其脱俗清远,才能成就其画的荷花清逸不群。一个夏天的傍晚,王冕在湖边放牛。忽然乌云密布,下了一阵大雨。大雨过后,阳光照得满湖通红。湖里的荷花更加鲜艳了,粉红的花瓣上清水欲滴,碧绿的荷叶上水珠滚动。王冕看得出神了,心想:要是能把它们画下来那该多好哇!

王冕用平时省下来的钱买了画笔、颜料,又找了一些纸,学画荷花。每天他把牛赶到湖边吃草后,就专心地画起来。开始他画得不像,可是他不灰心,天天画,画得越来越好。后来,他画的荷花就像真的似的。

他仔细观察荷叶和荷花的形状,观察清晨傍晚、雨前雨后荷花的变化。他天天跟荷花在一起,把荷花当成了好朋友。这样练习画了很长时间,那纸上的荷花就像刚从湖里采来的一样。可见无师自通的一个基本条件是对所关注的事物有浓厚的兴趣。

无师自通的另一个基本条件是用功并能集中精神。如王昌龄所谓的:“搜求于象,心入于境,神会于物,因心而得。”

同是这个王冕,幼时就离开家,到一座寺庙居住。夜里他偷偷地走出住处,坐在庙内佛像的膝盖上,拿着书映着佛像前长明灯的灯光诵读,书声琅琅一直读到天亮。罗汉像(原文中“佛像”代指罗汉像)都是人形土制品,面相狰狞,颇为恐怖。王冕是小孩子,内心却安然,仿佛没看到一样。

有一次有人约爱因斯坦在某公共场所见面,但那人却迟到了两小时,当他向爱因斯坦表示歉意时,爱因斯坦说我正利用这段时间思考科研问题呢。

研究生若能自己另辟蹊径,开创一个新课题,并能自成体系,就可以被称为无师自通了,这是他的老师的运气与造化。所以有不少导师希望招很多研究生,名之曰“放羊”,也许这一群在草地上悠闲吃草中的一个,是不需要被教怎样吃草的呢!

读郑燮《游江》谈学之八面玲珑

清代郑燮(板桥)于乾隆戊寅年在一次画竹后写道:

> “昨游江上,见修竹数千株,其中有茅屋,有棋声,有茶烟飘扬而出,心窃乐之。次日,过访其家,见琴书几席净好无尘,作一片豆绿色,盖竹光相射故也。静坐许久,从竹缝中向外而窥,见青山大江,风帆渔艇,又有苇洲,有耕犁,有馌妇,有二小儿戏于沙上,犬立岸旁,如相守者,直是小李将军(指唐代画家李昭道)画意,悬挂于竹枝竹叶间也。由外望内,是一种境地。由中望外,又是一种境地。学者诚能八面玲珑,千古文章之道,亦出于是,岂独画乎?”

郑板桥从绘画而联想做文章的道理,值得我们深思。学物理诚如是:对于同一个物理问题,由这个角度分析,是一种境地;从另一角度思考,又是一种境地。在量子力学发展史上,海森伯从原子光谱总是牵涉两个能级而无意中用矩阵力学建立了其理论架构,而薛定谔根据光波的能量比例与其振动频率由波函数出发奠定了量子力学诠释。他们各自看到了量子力学的曙光。不久,狄拉克发明了符号法,能和谐地统一两者,将浮光掠影交织成了鲜明的图像,他的表象理论就是指出了从多个角度处理量子力学问题的系统工程,使得后人有机会进一步创造有序算符内的积分理论。

学者要做到八面玲珑需有扎实的数理基础、锲而不舍的钻研精神、见微知著的灵巧、举一反三的想象能力、广博中取精髓的抽象功夫。一个人若能将四大力学融会贯通,就有八面玲珑、游刃有余的可能。我和笪诚曾把描写激光的主方程发展为描写经济领域的投资状态方程,取得了一定的成功,这就是八面玲珑的一个佳例。

八面玲珑的功夫会随着我们知识的更新和积累有所提高。例如,费曼对于超导约瑟夫森结有一个解释,他认为超导是由两个弱连接的超导块的相差引起的。我就用自己发明的纠缠态表象引入了相算符,再结合海森伯方程成功地导出了约瑟夫森方程。又如,量子力学的表象的完备性,在我发明了“有序算符内的积分技术”之后就可以把它纳入正规乘积内的高斯积分形式,从而与概率论中的正态分布相联系，充实了玻恩的关于量子力学的几率解释理论。

八面玲珑地处理物理理论的功夫能使我们既重视格调，又饶有风趣，即能享受研究理论物理的乐趣，使我们的灵魂与自然界相融。有的研究生由于在本科生阶段没有遇到好老师，智慧没有受到启迪，基础不扎实，格调不高，更不能解物理之风趣。而我们做导师的责任就是要激发他们的天分，使之变得聪明起来，成全其性灵。风趣是性灵的外照，性灵则自然风趣。我的不少毕业生从原来的不知所措变成现在的八面玲珑，令人欣慰。

在物理学界能八面玲珑思考的物理学家不多，下面是他们的动漫画像，请读者猜猜他们是谁?

物理学家的动漫画像

理论物理上的“无所为而为”

“无所为而为”常指一个人做事，不计较其成败，不思忧其得失，胸襟洒脱，无“常戚戚”之苦恼。而老子学派则把此话解释为一个人只需做他愿意做的事。

笔者认为“无所为而为”这句话用在科学研究方面则别有一番深意，它可以解释为科研道路上的“有意栽花花不开，无心插柳柳成荫”。强有意识作用地冥想往往百思不得其解，而暂将思绪“束之高阁”，则往往会从潜意识中迸发出智慧的流星，酿成创造发明，有“蓦然回首，那人却在灯火阑珊处”之感，此时此刻，才应了“无所为而为”这句话。

“百思常虚空，千虑偶有成”这样的事例在科学史上不胜枚举，笔者若在这里再提不免使文章流于俗气。但是机遇只垂青于有准备的头脑，我们不能把“无所为而为”误解为不下苦功、无所用心而守株待兔，侥幸取得成功。

“不是闲人闲不得，爱闲非是等闲人。”要想学有所成，既要常忙不闲，又要能忙中偷闲，如温庭筠所言：“望云真得暂时闲。”既要惜时如金，又能领略闲中乐趣，常无闲而闲，才有出非等闲的成果之可能。以下这首诗也许能反映这种状态：

雨后秋晨

昨夜净雨洗长空，今晨日出分外红。
爬树苔藓尚湿漉，萎枯枝叶又脉通。
霁逢秋高气更爽，鸟适晴朗易捉虫。
望天蔚蓝无闲云，遂将懒念化蚕工。

伯乐与千里马

我国封建社会中常以伯乐相千里马来劝谏有统治地位的人慧眼识人才，提拔与重用地位低而才华横溢者。唐朝中叶的韩愈写的《马说》通篇用的就是托物寓意的写法，以千里马不遇伯乐，比喻贤才难遇明主。笔者希望统治者能识别人才，重用人才，使他们能充分发挥才能。全文寄托作者的愤懑不平和穷困潦倒之感，并对统治者埋没、摧残人才进行了讽刺、针砭和控诉。韩愈从内心发出“千里马常有，而伯乐不常有”的感叹，大有怀才不遇之落寞感。不过，韩愈后来还是当上了较大的官，比起他的前辈诗仙李白、诗圣杜甫的地位显赫多了。大有讽刺意味的是唐朝以诗取仕，而李白、杜甫却未能当进士。韩愈在晚年也因进忠言而被贬，他这匹“千里马”落得个“雪拥蓝关马不前”的境地。

在如今改革开放的社会里，有才气的科技人员不必愁无伯乐来赏识，不必等伯乐来提拔，不必求伯乐来恩赐。是千里马，就长嘶一声，放开四蹄，脱缰开去。把你的科研成果整理成文，寄到国际权威杂志上去发表，你的文章有创造性、先锋性，就必然会有人引用、赞扬，有人跟踪研究。那些引用与研究你文章的人就是伯乐。你的文章隔几十年，甚至百年后还有人提起与引用，那些人也是伯乐，所以真正的千里马，又何必愁世间少有伯乐呢？

回过头再说韩愈，其文章如《师说》《进学解》直到如今还脍炙人口，甚至被载入中学教科书，那些读他文章的现代人不也是伯乐吗？

西方的伯乐比较多，物理学家赫尔姆霍兹（Helmholtz）当年在柏林附近的物理工业研究院当院长时，发现了人才维恩（Wien）。维恩刚从大学毕业时，当了个中学教师。但是他的讲课内容经常跑题而去涉及好些物理上未知或未解的疑难，而他自己也未必弄得明白，说得清楚，于是校方认为他不是一个好教师而将他解聘。

这所学校是位于柏林附近的物理工业研究院的附属中学。维恩很委屈，也很郁闷，怀着一丝希望，就冒昧地跑到物理工业研究院院长室，拜见院长、物理学家赫尔姆霍兹。老院长与他畅谈了一个下午，发觉他不是一个庸碌无为的人，相反，认为他对物理学有着多方面的独特思考，不过他的治学方法似乎有些零乱，因此听他课的人不易理解他。老院长就留他在研究院，从事理论物理方面的助理工作。

维恩不负老院长的抬举，终于在研究黑体辐射中发现了以后以他名字命名的关于光辐射的维恩位移定律。

回顾自己在年轻时，也曾得到“伯乐”的赏识，只是我这匹“马”没有意识到已经遇到了“伯乐”。直到后来我在《中国科学技术大学学报》上看到了洪平顺同志的一篇文章才如梦初醒。洪平顺在2012年11月15日的《中国科学技术大学学报》上发表的《和大师们交往的几件事》一文中写道：

> 大约是（20世纪）90年代初，在北京开会，会后吃晚饭，我（洪平顺）正巧坐在彭先生（彭桓武）旁边。他问：“你们科大是不是有一个范洪义？”我（洪平顺）说：“是。”他说：“此人发表了很多篇文章，好像很有才。”我（洪平顺）说：“是的，他是我国改革开放后第一批获得博士学位的18人之一，是您的高足阮图南指导的学生。”彭先生听后连连点头。

我也曾收到过我国氢弹之父于敏先生的亲笔信，信中写道：“君理以探微，文以抒怀，可谓多才。”可见于敏先生也是一名伯乐。

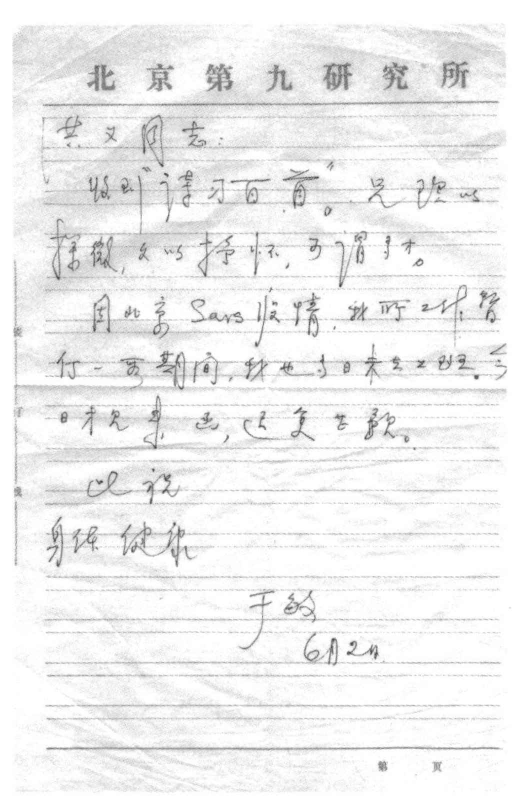
北京第九研究所

洪义同志：

收到“诗词百首”。君理以探微，文以抒怀，可谓多才。

因北京Sars疫情，我所工作暂停一段期间，我也多日未去上班。今日才见来函，迟复为歉。

此祝

身体健康

于敏

6月2日

第　页

于敏先生的信

世间有了伯乐，然后才会有千里马。千里马经常有，可是伯乐却不会经常有。如今，彭桓武先生已经驾鹤仙逝，我痛惜没有机遇能在他的具体指导下做一些研究。

2009年研究生毕业典礼暨学位授予仪式发言稿

尊敬的校领导，各位老师与同学：

此刻我们欢聚一堂，举行2009年研究生毕业典礼暨学位授予仪式，表明了研究生们在人生探求知识的进程上取得了阶段性的成果。受校领导的委托，我代表全体研究生的指导老师向你们表示热诚的祝贺。

我曾经对自己在1978到1981年的研究生学习生涯总结了这样两句话：一句是“悟方法以育灵性”，另一句是“蓄道德而能文章”。

如今我在指导研究生时十分注重教给他们新的方法，使他们从慢慢领悟进入顿悟，孕育他们的灵性。人的灵性是可以培养的，只要他是用功的。你们在经历了中科大的学研阶段，中科大的校风雨露滋养了你们良好的品德，增强了你们的学识，改善了你们的气质，熏陶了你们的创新精神，培养了你们独立工作的能力，在导师的帮助下，你们写出了高质量的文章，这充分表明了中科大是一个可以充分发挥人的聪明才智的地方。

中科大是青年学子向往的地方，前几天在中科大第一教学楼后面举办的安徽省高考咨询点，我遇到了一位来自舒城一中的女同学，她考了650多分，但可能上不了中科大，我从她那带有孩子气的脸上看到了一丝忧郁和遗憾。那么，学子们为什么总想上中科大？

这是由于中科大从1958年到今年的历届毕业生为国为民、为人类文明的进步、为人和自然的和谐做了很多杰出的贡献，中科大理实交融的校风吹到了学生家长们的心坎里，孩子们能上中科大，使他们得以放心和宽慰。我希望在座的毕业生在今后的工作与学习岗位上，不辜负你们持有的含金量很高的中科大的学位证书，继续保持中科大人的优良传统，为社会多做贡献。

各位博士学位获得者即将走上工作岗位，我也有两名学生找到了满意的工作，我给他们的临别赠言是“敏而好学”：“敏”是机敏，勤于动脑，“好学”是爱好学习，善于学习，不但从书本和文献中学习，也要向社会这个大课堂学习。我国古人把学习作为恢复人的天性的举措，坚持敏而好学，就能有所发现，有所创造;坚持敏而好学,就会心地善良,尊重劳动人民;坚持敏而好学,就能保持谦虚谨慎,宁静致远;坚持敏而好学,就会胸襟开阔,即使暂时处于逆境,也能通过努力化被动为主动,另辟蹊径,别开生面。

祝各位的前程灿烂似锦!

谢谢!

理论物理学家和隐士
——小隐隐于野,大隐隐于市

在中国长期的封建社会里产生了一些看破红尘的隐士,如许由、严光、王冕、陶渊明等。如果问西方资本主义社会里的科学家是否也有隐士,狄拉克就是一例。

狄拉克是毋庸置疑的大师级的人物,因为他另辟蹊径地发展了量子力学,提出了反物质世界。看狄拉克的文章,秋水不染尘,字里行间透出隐士气质,难怪玻尔说他是理论物理的灵魂。我说他是“透识天机皆造化,探源无处不春风”。

小隐隐于野,大隐隐于市,当宣布他是诺贝尔奖得主时,一开始他甚至不想接受。后来他又被正式提名为剑桥大学卢卡萨教授,一种与牛顿齐名的荣誉,为了避免公众的祝贺,他居然躲进了动物园。

狄拉克默默地做学问,悠悠地做论文,你会觉得他生活得没有烟火。他把看到的东西也转化成没有烟火的仙境。虽狄拉克的名声热闹在外,可是现实中他却是安安静静地生活着的,从不愿接受新闻报刊的打扰。1929年,《威斯康星报》的一名记者听说人们称狄拉克是仅次于牛顿和爱因斯坦的物理学家,为了给报纸撰写一份报道,就去拜访狄拉克,以下是他以第一人称(我)与狄拉克(他)的对话:

> “教授,”我说,“我注意到你的最后一个名字前有好几个字母,它们代表什么意义吗?”(注:狄拉克的英文全名是P. A. M. Dirac)
>
> “没有。”他说。
>
> “你是说我可以自己设一个答案?”
>
> “是的。”他说。
>
> “如果说P. A. M.代表Poincare,Aloysius和Mussolini呢?”
>
> “是的。”他说。
>
> “那好,”我说,“我们十分合得来!现在,博士你能用几句话告诉我你所有的观察的基本思想吗?”

"不。"他说。

"好吧,"我说,"这样行吗?如果我这样说——狄拉克教授解决了所有的数学物理问题,但是不能找到一个方法来估计出 Babe Ruth(一个职业棒球手)的击球率。"

"是的。"他说。

"在美国你最喜欢谁?"我问。

"土豆。"他回答道。

"同样的是在这里,"我问,"什么是你最喜爱的运动?"

"中国围棋。"他说。

…………

"人们说你和爱因斯坦是世上仅有的两位天分很高的而又能互相了解的人。我不会问你这是否真实,因为我知道你太谦虚而不肯承认。但是我想知道——你是否曾经遇到过一个人,对这个人就是你也不能理解?"

"是的。"

"你能透露给我他是谁吗?"

"外尔。"他说。

狄拉克掏出了怀表,记者识趣地退到门口告别。他知道当他们在聊天的时间里,狄拉克正在解其他人碰都不敢碰的问题。如果外尔到这个镇上来,他肯定要去拜访外尔,试着设法理解这个人,一个应该被他测试智力的人。

可见狄拉克是隐于市的大隐士,他虽身在大学任教却是一位"因羡天边月,悠然坐银河"的世外高人。

科技界不乏有人浮躁做文,有人潜心仕途,有人醉心享受,有人巧取豪夺……那么我们可以通过读书,读伟人,读气质之人,来驱走人性中填不满的欲望。

杭州中国首批博士聚会随笔

2010 年 11 月中旬，我去参加中国首批 18 名博士学位获得者在杭州师范大学的聚会。坐在疾驰的高铁列车上，望着窗外一掠而过的景色，不禁想起，从取得学位到现在的 27 年中自己经历的科研教育生涯，虽然如白驹过隙，但也可以向这次聚会的同年们有个说头。因为靠自己的努力，我在量子力学理论方面，开创了一个新的科研方向，不但自成体系，而且会有不断的后续工作涌现。郭沫若老校长曾说过："中科大不仅要创建校园，而且要创建校风，将来还要创建学派。"值得欣慰的是，27 年来我一直孜孜以求这一目标，不敢稍有懈怠，发表 SCI 学术论文数百篇，撰写专著多部，已经在量子力学界产生了一定的影响。爱因斯坦曾说："对于一个毕生努力追求一点真理的人来说，如果他看到有别人真正理解并欣赏自己的工作，那就是最美的回报了。"但是，我不会在这次聚会上介绍自己的工作成果，就像我这趟火车在行进中只是往前跑，并不计较车厢里载了多少人一样，或曰：只知耕耘，不恋收获。

车很快到了杭州，会议工作人员把我接到西湖国宾馆。在民国时期，那是豪强们的一片私人庄园，新中国成立以后为人民政府接待贵宾所用，风景的秀丽自不必说。望着西湖的小游舟，给我这个年逾花甲的人平添了一份隐江湖悲白发的感觉。

当年在人民大会堂一起摄过集体照的 18 个人陆陆续续地都到了。27 年前，我们在人民大会堂作为同榜参加学位授予仪式，见过短暂的一面，而后各奔东西，谁会想到我们会皓首相聚？相互问好别来无恙，感叹嘘唏一阵之后，召集人于秀源博士说："我们这次聚会'不要作政治报告，不要作学术报告，不要作事迹介绍'。"这虽然是于博士在聚会以前在电子信件中就跟大家关照过的，但是我很坦率地插话说："咱们都不作事迹报告，人家说你这个首批博士是吃干饭的吗？我们还是作一点吧。"于是于秀源博士若有所思地说，那就大家爱说什么说什么，顺其自然吧。

第二天上午，我们和国务院学位办的领导同志、浙江师范大学的校领导以及媒体的记者们一起庆祝国家学位条例颁布 30 周年，抚今追昔，我们缅怀已经故去的恩师，交流自己带研究生的经验，也捎带谈及了各自的科研成果；我们一起也不免回忆在那蹉跎岁月中的无奈与坚持。在万马齐喑的年代，好学上进的18人，无一不在默默地坚持着自学，如同明代王阳明当年在贵州龙场流放时悟道那样，找到了科研的方向，然后在学位制度恢复后，枯木逢甘霖，较快地取得了科研成果。我抬眼望见窗外西湖上的泛舟，不由想起古人扣舷之歌："巧人之巧，坐而息兮；拙人之拙，垂竿立兮……展如之人，大巧而有愚色兮。"

下午，我们18个人互相签名赠言留念，即每个人要写18份留言。我把事先在合肥刻好的图章"头榜博士"蘸上印泥使劲地按在纪念册上，然后在下面写上一个"缘"字：我们作为新中国第一批博士是一种历史的缘，我们再次相聚又是一种同年的缘。看着别的博士每份留言写很多字，而我只需写一个字，感到自己的活轻多了。

晚上，霜竹浮影下，我写下两首诗：

杭州同年会

老去思量渐深沉，运来书生却迷茫。
欲火暗趋黄昏泯，鬓须白过晨曦霜。
少年朦胧情最真，晚岁偷生梦嫌长。
今夜月伴同年会，忽忆阴霾袭寒窗。

悼先师

故人音已绝，遗文惜佳妙。
才华动乱误，风流病榻消。
寒冽各扫雪，酷暑同煎熬。
后人琴瑟音，可谐豪情调？

是的，风云流散，雪泥鸿爪，而唯有学无涯之精神，永存！

梧桐上的麻雀群有运动规律可循吗?

黄昏时分我走出中科大东区图书馆，就在台阶上站立的片刻，空中传来聒噪声，几群麻雀的飞行编队映入眼帘，使我一下子瞠目结舌。他们在草坪上空盘旋飞掠，时而编成折扇队形，时而编成银河星系状的队形，时而又呈现出如奇异吸引子那样的从混沌趋向有序的队形变化，倏忽之间又组成一张大网向空中撒去。其队形变化之迅即，飞行方向之莫测令人叹为观止。也不知道每个编队的“雀头”是怎样示意它的同伴们跟着它改变飞行方向与速度的。只见它们一会儿在树叶之间歇息，一会儿又叽叽喳喳叫着一起冲向天空。它们是在争夺树林的栖息地而相互示威呢，还是在向人类炫示鸟类，即使是小的种群也有遮天幕地之势，也有组织纪律的团队精神呢……

记得国画大师齐白石曾画过一幅单只麻雀图，这只雀挺着胸，尾巴高高翘起，大师的题款是:“汝身虽小能分鸡食鹅粮。”在20世纪50年代由于麻雀争粮吃而被定性为四害之一，与苍蝇、蚊子、老鼠并列。于是上海居民有的手执铜锣，没有锣的敲打破脸盆，走到晒台上或爬到大树上，齐声呼唤敲击，吓唬麻雀，让它们无片刻安宁而被吓破了胆。那时我是个小学生，也按学校要求参加这一围剿麻雀的行动，三天的群众行动中，亲眼看见数只麻雀飞着，飞着……然后就像被击落的飞机那样，一头栽下来……

望着梧桐树林上空时隐时现的麻雀群，我不禁也有些辛酸。那些雀儿春夏天栖息在梧桐上倒还惬意，但在晚秋严冬时，梧桐叶掉光的时候，它们在高处不胜寒的光秃秃的梧桐枝上该是多么凄凉。以前中科大的雀群是栖息在近原校门的一片繁茂竹林中的，当时我家就住在竹林附近，每天清晨见雀群冲天飞起，当时我还写了一首诗：

竹林青青傍柳堤，茁枝密密自成篱。
爱尝嫩笋汤汁鲜，何忍摘下剥竹衣。
清晨篱外人语稀，露重应隔鸟互啼。
想是同悟日初生，数百雀儿齐飞起。

这片竹林在前几年被夷平盖了楼，现在雀儿们只好栖息在梧桐树上，洒下的鸟粪对人们造成不便，那又怪谁呢？

如今，在中科大校园内，麻雀已是师生们的好朋友，它们给宁静的校园带来了生气，它们的生生不息象征着教育事业的繁衍与兴旺，人们已不在乎麻雀成群夜宿在树上，而且在路上留下点点鸟粪……

骑车回家路过梧桐林的时候，一滴麻雀屎掉在了我的衣领上……而我当时在想：理论物理学家能预算出麻雀群的运动规律吗？它是有序还是无序的？

比萨斜塔遐想

半夜里从罗马搭乘火车去比萨。去比萨，是为了看著名的比萨斜塔，作为一个物理工作者，我是带着敬畏的心情去的。

幼时看《封神演义》就知道有个托塔李天王手擎一座玲珑塔，以威慑踏风火轮持火尖枪的哪吒。哪吒要是不听话，天王就举起宝塔镇住他，塔内生火，烧得哪吒直喊饶命。这个宝塔也是擒拿妖魔的有效武器，那个钻无底洞的白鼠精也是望塔生畏，所以从孩提时我就敬畏塔。如今要去观摩一个外国塔，它斜插在地上，几欲倾倒，敬畏感更增添了几分。中国已经倾倒的塔有雷峰塔，那是法海和尚为破坏白娘子与许仙的婚姻，将白蛇擒来后镇住的塔。现在要去看的塔，将来有一天倾倒后，是否会有外国妖魔逃出来呢……

坐了约3个小时的火车在比萨站下了车，离天亮还有3个小时，我和妻子及几名研究生坐在月台上眼巴巴地盼望着东方早些发白。

晨曦终于使周围亮堂起来，我们出站问清了路，沿着古老的狭窄的街道向市内走去。那是一个星期日的早上，静悄悄的，连流过市区的河水也流淌得不出声，桥头上的一个铜像似乎是伽利略，但仔细看了看像座上标的名字，似乎又不是，铜像更是静静的，表情严肃。

穿过长长的几个街区，转了一个弯，啊！突兀出现了巍峨的比萨斜塔，它虽在预料之中却又出现得多么突然，给我一个惊喜。它高耸入云，使我自觉渺小；它倾斜在那里，使我攥了一把汗，不要倒了啊！它的颜色近似白色，显得庄严肃穆，使我更加敬畏：塔下镇着外国妖魔么？它像是外国天神投的一个标枪，斜斜地插在大地上，而天神却不知去了何处……

天下起小雨来，薄薄的乌云层在风的呼唤下片片掠过塔顶与旁边的大教堂，使人想起"黑云压城城欲摧"的名句来，比萨斜塔似乎更倾斜了，而色调更白皙了。目不转睛地望着掠云和塔身，杞人忧天的眩晕感油然而生，是塔要倒了，还是天要塌了啊！

一个修女经过斜塔下，她穿着宽大的黑色的长袍，宁静慈祥的脸让我镇定了下来，赶紧拍照留念吧。

我崇仰比萨斜塔，欣赏它的美，它是意大利建筑师与能工巧匠的杰作，它的斜是整体的斜，塔身却没有分崩离析。16世纪物理学家伽利略曾上塔演示了著名的自由落体实验，而塔的近旁却是一个充满宗教色彩的古教堂，科学是怎么从宗教的影响下摆脱出来的呢？伽利略的实验使比萨斜塔成了物理学家的朝圣地，人们把比萨看成文艺复兴之后思想大解放而使物理学走向兴旺的发祥地。近代物理大师费米也在比萨求过学。

我爱看比萨塔的斜，望着它我感到人生的紧迫，生命短促，如草木一秋，应该珍惜光阴；我赞赏比萨塔的斜，它不是不偏不倚的中庸，它是世界上独一无二的庞大的斜塔建筑。我希望不要扶正它，正了，它就失去了神秘的魅力。望着比萨斜塔，我吟诗一首：

落体竞自由，理史源比萨。
看塔疑地倾，望云忧天塌。
迟暮堪身斜，物新恋年华。
谁言世上人，唯把中庸夸。

教堂的钟声把我从沉思中唤出，我与同伴们一步一回首地向车站走去。别了，你这气宇轩昂的塔，你这外国天神丢在人间的斜塔。

访沈括故居

前不久在镇江访问，远远望见一广场上竖一老者石像，精神矍铄，目光充满智慧，走近看才知是沈括像。沈括这一历史人物是我在小学时读中国古代科学家的故事时就慕名的。他是北宋人，既是科学家，又是军事家，曾镇守边境抗击西夏，令对手闻风丧胆。何以镇江市内立沈括像，难道他生于镇江吗？问过路人方知镇江是沈括58岁那年定居的地方，他的巨著《梦溪笔谈》就是在广场附近的梦溪园作成的。

没想到在这里能看到沈括故居，一向喜欢考古的我真是欣喜万分，把其他事撇在一边，打听到去梦溪园的路，就与同行者急急奔去。

沈括故居门庭不大，门上有近代桥梁专家茅以升的题匾"梦溪园"。但门口一老者说院内正在维修，暂不开放。当他听我们说是从外地专程来瞻仰时，就欣然允许我们进入了。

前厅是木雕结构，厅壁挂对联一副，上书："千秋说梦溪，一生司天监。"厅里竖一木牌，上面记载着沈括的生平，但对他的科学成就却介绍得很少。这使我想起十几年前曾在加拿大的纽芬兰岛上参观马可尼（意大利物理学家，无线电波发明者）纪念馆时，发现馆内介绍的马可尼诸项获奖中竟然没有提及他获诺贝尔物理学奖的事实，令人大惑不解。于是我向纪念馆管理人员提及，那人睁着大眼说："Really?"而今日我参观沈括故居时，也对这里没有介绍他的主要学术成就而略感遗憾。实际上沈括是一个多才多艺的科学家，曾任管理天文历法的司天监，作为天文学家他的主要贡献是发现北极星偏北天极约3°，制订了《十二气历》（即太阳历，这一成果比欧洲早800年）；他又是物理学家，曾科学地指出虹的起因是"虹，雨中日影也，日照雨，即有之"，他在光学的小孔成像、透镜成像、声学的共振方面都有建树，他又是第一个发现"磁偏角"的人；他也是个地质学家，在太行山崖间行走时看见一道道螺蚌壳及卵石耕成的横截面，就提出了"沧海桑田"的思想，"石油"一词也是他科学地取定的；他又是个地理学家，曾花了12年时间呕心沥血汇编了《天下州县图》，曾首创用木屑来制作山川地貌主体图，在出使契丹时，他还绘制了《使契丹图钞》。

沈括的《梦溪笔谈》既包括了他自己的科研心得，也记录了历代中国人民的科研智慧结晶，如毕昇的活字印刷，古代的“透光镜”（在上海博物馆可见实物）等。这位在科技史上的灿烂奇葩，印证了“千秋说梦溪”。

跨过前厅，来到一个小花园，墙上有一排青竹，我想是象征着沈括即使受到保守势力排挤被迫离职也仍坚持从事科学研究的刚正不阿精神。花园后面就是沈括的故居，占地约80平方米，但屋顶、房梁都不见了，只留下几根屋柱与一堆堆的青瓦楞，老者说需两个月才能修缮。面对断墙残垣，一点遗憾在心头掠过，脑海里也隐约地掠过沈括曾陷害苏轼的劣迹，但一想到沈括的科学成就永垂不朽，从事科学的精神之光照千秋，这点遗憾就立即散去。

在告别梦溪园时，我不禁想起金山寺人群的摩肩接踵，与此地的门可罗雀形成鲜明的对照，便拈诗一首：

先圣曾居处，今来好追思。
司天监历法，格物声光磁。
桑田出沧海，文明镶历史。
何以门庭稀，不如金山寺。

我又问自己，为什么沈括要选梦溪园为写作其科学著作的地方呢？也许是因为镇江有金山、焦山、北固山，有仁者喜见山、智者喜见水的地理优势；也许又因为梦溪园这个地方附近有许多小溪，沈括希望科学精神能随小溪流淌在中华大地上，让科学之花有滋有养，有无限的生机吧！

论理论物理论文写作的简洁

根据自己的科研经验,我在指导研究生时,注意引导他们在选题时要兼看树木和森林:一方面从大处着眼,看准了方向才开展脚踏实地的研究;另一方面,每一个具体的计算都要十分认真,每一个新物理概念或结论的提出都要有理论依据和实验支持。在此基础上,我还要求学生的科学论文要尽量崇尚简洁。

简洁反映了对理论物理的审美能力,把物理公式尽量表述得简洁到不能再简洁了才算满意。这是为什么呢?实际上,自然界中光也崇尚简洁。光的行径遵守费马原理,费马指出:“光在指定的两点间传播,遵守极短光程原理,也就是说,光沿光程值为最小的路程传播。”这是几何光学中的一个最普遍的基本原理,称为费马原理,由此原理可证明光在均匀介质中传播时遵从的直线传播、反射和折射定律,以及傍轴条件下透镜的等光程性等。爱因斯坦有下面的观点:“创造者只能记住最简单的解决办法,并坚信这种简单化的办法同样应该使世界变成可知的世界。”

同时,科学论文语言的表达也要简洁。文章之境,莫佳于简练平淡,措辞表意,犹若自然之生成。

历史学家吕思勉先生曾说:“……论文要以天籁为贵。天籁是文人学士,穷老尽气所不能到的……”我们科研工作者何尝不是如此认为呢!

也作《提篮春光看妈妈》一文
——从光的零质量说开去

看到 2007 年安徽高考作文题“提篮春光看妈妈”，我就懵了。脑子“嗡”的一声，以为是紧张而看错了题(因为我曾听说 1963 年有考生因紧张而把高考作文题“不怕鬼的故事”误看为“不怕兔的故事”而失分)。我定神再看一遍，没看错，是这么个题目。可是那些命题的老师们怎么会出了这么一个脱离科学实践的题目呢？难道那些文学家真的匮乏物理常识吗？

京剧《红灯记》中的李玉和唱段“提篮小卖拾煤渣……”不是清楚地告诉人们篮子只能提固态物质吗？另外，所谓“竹篮打水一场空”，用篮子提液态物质尚且提不起来，更不用说用篮子提“春光”了。光的静止质量为零(这是我从科普文章中知道的一个结论，是爱因斯坦狭义相对论的一个结果)，篮子怎么提它？光又是不能用手直接抓住的。唐朝张九龄“掬水月在手”只是说光只能通过反射、折射、衍射等看到它的存在。“满脸春光”也是指脸上反射出来的光。

也许有人觉得，这个高考题是很有诗意的，文学修辞上叫作“通感”。反驳者说：“按照我的逻辑，李清照的《武陵春》中‘载不动，许多愁’就说不通了。愁有重量吗，能用船来运载吗?”但是我认为，忧愁是人类的一种情感体验，使心沉重，有心理压力，也许是可以测量的，就像测谎机能辨别谎言那样，因为撒谎的人有心理负担。这说明早在近一千年前的李清照就有物理直觉。而“一篮春光”实在是在物理上说不过去的一个概念，“光”用“一篮”来度量也实在令人费解。既然有一篮，就可有一桶、一勺……就可有“喂勺春光给弟妹”这样的命题……看来我只好对这个作文交白卷了。

但我又不甘心，想起了“春光明媚”“春光外泄”这些词，就胡乱作为不成其文的结尾吧！

对不起，妈妈，我实在提不到一篮春光来献给您！

从杏花村悟想到理论物理学家的开悟

春日丽丽的一个早上，我忽然兴致油生要去踏青，舒展一下长期伏案工作受压迫的颈椎。妻说："省博物馆附近的杏花公园经常经过，但我们在合肥工作30年来却从来没有去过，不妨去那儿一游。"

刚到公园门口，就见上空各色风筝翱翔，孩子们嬉戏欢闹，老人们有的怡坐，有的在舒展筋骨。入园，最醒目的就是亭子边簇拥的几十株杏花树了，连成一片，白色的花瓣与淡黄色的花蕊，给人以淡泊、纯洁和朴素的感觉。我突然想到唐代诗人杜牧的诗句："清明时节雨纷纷，路上行人欲断魂。借问酒家何处有，牧童遥指杏花村。"以前念这首诗，只体会伤逝而欲断魂的诗人想借酒浇愁，并未在意为什么牧童遥指杏花村，而不是稻香村、桃花村或是其他的什么植物花卉命名的村。现在睹物生情，才领会到杜牧在诗中用"杏花村"的寓意：一是杏花恰在清明前盛开，所谓好花迎合人情感；二是杏花是洁白的五瓣小花，以星星点点的素色点缀着大地，给清明扫墓的人们增添一片庄重肃穆的气氛，带来一丝淡淡的哀伤。可以想象，一千多年前的杜牧先生在清明那天淋着些像泪珠那样淅沥的小雨后，在酒肆里沽上一壶酒，慢慢地呷着，望着窗外一片杏花，思念着逝去的亲人，此情此景对人生会有什么感悟呢？他只是在感叹"对酒当歌，人生几何"呢，还是在体会即便是花谢人逝，零落成泥碾作了尘，仍有香如故呢？

如此看来，牧童不只是在告诉杜牧长者何处可以买到酒喝，而且是在指点迷津了，他希望杜牧在一片杏花中看到花神在为仙逝的人们起舞弄清影；从花开花谢中体会造物者之无尽藏。我把这些想法告诉了妻，惭愧自己以前对"清明"这首诗的理解是何等肤浅，佩服杜牧的诗境深远，吾辈不及其之一二。

从杏花村之悟我联想：理论物理学家如何开悟呢？以爱因斯坦悟出狭义相对论为例，它就是建立在两个简单的假设上的理论：一是相对原则，即我们无法判断自己是处于静止状态，还是正在平稳运动；二是不论产生光的物质其速度如何，光速都一样。假如你用棍子在湖里搅动，观察湖水产生波浪的情形，就知道第二个假设的合理性。不论是在静止的码头，还是在飞快的汽艇上搅动棍子，波浪一旦产生，就按其自身的速度传播，与棍子的速度无关。分开看这两个假设,都对。可是把它们放在一起,就是矛盾的,足以使不少人进退维谷,最后逃之夭夭。可是,爱因斯坦悟出了只要放弃对时间概念的传统理解,这两个假设是可以和平共处的。

有感悟如此,我于是拈诗一首以纪念这次杏花公园之游:

年年四月感伤逝,泪水雨水浑不知。
佳才怀故叹蜉蝣,骚客对酒寻闷诗。
盈虚消长月宫影,炎凉落寞地府事。
天使牧童指迷津,杏花开在人悲时。

漫谈科研和著书立说的关系

近来校教务处和研究生院征集老师的优秀教材拟在此基础上编写出版研究生用新书，这种鼓励教师在教学科研的基础上写出有影响力的科研著作的做法受到极大欢迎。

科研著作是优秀论文的积累与结晶，它不只是论文简单的包容与罗列，而是有条理的、有系统的归纳、整理与加工的产物。在写科研专著时作者往往要以更高的观点整理思想，用更简明的方法给读者以启示，在更深的层面上展开问题，在更高的角度分析问题与解决问题，可谓“会当凌绝顶，一览众山小”。

科研著作要脉络清晰、思想新颖鲜明、方法科学有效、叙述精练、符号简练，这些都对作者提出了相当高的要求。在写作中作者还要注意到在每一章结束时留给读者的思索的空间，或是考虑到各个层次读者的水平，尽量地给予兼顾。我自己在写作整理思想的过程中往往会触类旁通、举一反三，迸发出一些灵感，从而可以提出新的科研问题，促进科研的深入发展。孔子说：“温故而知新。”我想这个“温”字不是简单地重复“加温”，而应包含重新（以新的角度）思考的内涵；这个“知”字也不仅仅是学习与了解，而是有“探索”的成分。所以科技著作的写作与科研是相辅相成、互相促进的。

一本好的科研著作对于好学上进的大学生与资深的科研人员是不可或缺的，他们总会在书中找到知识创新的源泉和探索自然奥秘的激情，找到怎样提出问题并解决问题的实例，体会学习系统地整理与扩大科学成果的经验。因此有成就的科学家应该及时地把先进的、有价值的知识写成专著影响科学界与教育界，指导年轻人。在这方面科学专著所起的作用，是一篇或几篇论文所不能替代的。因为好的专著是艺术，是经典作品，是超越时代的，有长远的历史价值与普及意义的。只要人类文明存在，它就会影响一代又一代的科研工作者。最近，我在上海某家大书店里看到一本书——《影响人类历史的一百本科学著作》，其中物理类的著作就有牛顿和狄拉克的书，可见科学大师的著作犹如阳光照耀着人类文明的进程。

我自己在写科技专著时，十分注意把一系列论文的若干要点抽象出来，并且将它们有机地联系在一起，使之具有最大可能的简单性。所谓简单性是指“这个体系包含的彼此独立的假设与公理最少”。我曾经在北京听过李政道先生的讲学，他指出：“重要的东西往往是简单的。”我努力去实现这样的目标，即在写作时，一方面强调数学的简洁和物理思想的质朴。我不只是介绍知识，更重要的是介绍思想方法、给出思想体系，让读者有机会提高综合能力与洞察力。另一方面，要努力做到数学优美，简洁和优美的要求往往是并存的，所以写好科技著作对我也是一个很大的挑战。

从 1997 年以来，我先后完成了 18 部科学著作，幸蒙不少读者青睐，成了畅销书，有几本书还得了出版奖。有些读者在看我的书的过程中学到了新的知识，甚至悟出了不少新的科研题目，进行研究并写成论文发表，晋升为年轻的教授。这些使我十分欣慰，但我也常记得歌德的一段格言：“一个伟大的作品会使我们暂时感到自己的局限性，因为我们感到它超越了我们的能力；只有我们后来把它同我们的教养结合在一起，使它成为我们身心的一部分，它才成为一个珍贵而有价值的东西。”

出版社是大学面向社会、面向世界的一个窗口。一个高水平的大学倘若没有优秀的科学著作出版是不可思议的。我希望并祝愿中国科学技术大学出版社有更引人入胜的著作出版，为让中科大取得更广泛的社会认可作出贡献。

读一点科学家传记

我希望研究生们读一点物理学家的传记或点滴故事,看看他们是如何献身于科学研究的,他们各自的情操、想象力、灵感与幽默感可以从一鳞半爪的故事中被体会到,所谓一叶而知秋吧!

自然科学家拉普拉斯曾经说过:"认识一位天才的研究方法,对于科学的进步……并不比发现本身更少用处。"

对于学物理的人来说,物理学发展的规律和历史,与物理学知识本身相比较,是同等重要的。尤其是学习量子力学,如果不了解量子力学是怎样从经典力学中脱颖而出的,就不会很好地理解量子论的概念、方法。而要了解量子力学怎样问世,就必须熟悉创立量子力学的有特殊才能的物理学家,他们的兴趣、志向、气质、作风以及对科学的品味和思维模式等。从某种意义上来说,物理学家也是艺术家,他们是描述自然规律的画家,是最先聆听到自然脉息搏动的声学家。尽管玛丽·居里(Marie Curie)曾写道:"在科学界我们必须感兴趣的是事件而不是人。"她却认为艺术和艺术家都是需要了解的。

有人也许对文学家的个性更有兴趣,他们也许认为如果没有曹雪芹,就不会有活灵活现的贾宝玉、林黛玉、刘姥姥……这类人物传世;没有罗贯中,就没有气势磅礴的《三国演义》中出神入化的人物故事。而"物理学的规律,迟早会有别人发现,这只是个时间问题"。对这个观点,我的回答是:"读读那些物理大师的传记吧,读后你也许会认识到创造量子论'艺术'的物理学家的天才确实是难能可贵的。"如果海森伯、薛定谔和狄拉克三人中有一个没有及时参与新量子论的研究,如果没有爱因斯坦以磊落的胸襟和敏锐的鉴别力推荐德布罗意和玻色的文章,量子力学和量子统计力学会是现在这样的吗?我国的先哲老子说:"道生一,一生二,二生三,三生万物。"海森伯、薛定谔和狄拉克三人的理论组合不正是成就了量子"万物"吗?我国清代大学者袁枚曾就做学问写下心得:"古人诗意,门户独开。今人诗难,群题纷来。专习一家,硁硁小哉!宜善相之,多师为佳。地殊景光,人各身份。天女量衣,不差尺寸。"所以从多个角度了解一些著名物理学家的趣闻轶事是有益的。

科研成果从未有不自慧生，而智慧的培养是多方面的。山之玲珑而多趣，水之涟漪而多姿，此皆天地慧根生成，科学史[①]方面的培养使得理科方面的智慧也会丰厚起来。

有些物理学家的传记兼有趣味性、知识性与哲理性，能反映出新量子论发展历程的主干线，读这些书的收获不亚于听几场学术报告。

值得指出的是，学习科学家的优点并不等于把他们作为偶像来崇拜，因为科学的精神与偶像崇拜是格格不入的。对大科学家的好奇心不应抑制我们自己的创造力。另一点要指出的是，这些物理学家之所以能够做出重大的贡献，诚然这主要来自他们的天赋与锲而不舍的努力，但也不可否认这与他们当时的机遇有关。正如英国物理学家狄拉克所说的："那时我恰是一个研究生，我参加到了这个行列……那时第三流的科学家可以做出一流的工作，而如今一流的科学家只能做出三流的工作。"

因此在向科学巨匠学习的同时，切莫妄自菲薄，更不要以为对科学作出过贡献的人是没有缺点的。

---

① 中国最早的科学史著作是清代阮元写的《畴人传》，它系统地记载了中国古代人文、数学领域的科技人物(243人)及其创造发明，而阮元本人也精通天文，如他推知了周幽王六年(公元前776年)十月建酉辛卯朔日入食。阮元又十分重视古籍的整理与出版。曾写对联"古籍待刊三十载，旧闻新见一千年"以报答某个书商出版两部未被《四库全书》收入的《镇江府志》。

理论物理学家的孤独

理论物理学家往往是孤独的，因为他经常要独立思考，他的学术思想要有与众不同处，他的游思如一叶孤舟在脑海里不受干扰地飘，也不知是否能有幸抵达彼岸。在他未出成果前，他是孤独的，因为没人理解他所研究的东西的价值；在他出成果后，在相当长的时期内他也是孤独的，因为即使没有遭受嫉妒与排斥，他的成果为人承认也需一个过程。普朗克曾说："出现新的理论尔后得以传承，并不是是因为它说服了反对者，而是反对者们渐渐去世了，而年轻人作为惯例接受了新理论。"

有人说通过学术讨论和交流，就会引起新的智慧之火苗。但是纵观物理史，几乎所有重大的原创成果都是个人思考的产物。写到此，我想起明代文人谭元春的散文自题《秋冬之际草》，内中关于旅游写道："况独往苦少，同志苦多；泛则方舟，登或共屐；非甚暗滞，其何默焉？……故陶渊明所谓'良辰入奇怀'，谢灵运所谓'幽人尝坦步'。"

谭举人认为旅游时不能同游者众多，否则即使风光再好也无奇想。试想朱自清先生如果当时有人陪伴去荷塘边，能写出现在大家看到的《荷塘月色》吗？我们搞科研就像一次脑海中的旅游，若受干扰，则思绪纷杂，难有心得。记得多年前，我气喘吁吁登上黄山天都峰顶，方寸之地挤了不少人，当地人在周围插了一些木牌，上书"天都峰一游""天都奇观"等。拍照的游客的相机取景如有掠过这些牌子，当地人就向游客索要钱，说是取了他们设的人文景，要付取景费两元。游客们自然不服，于是与当地人争吵起来，先是互骂，接着就在弹丸之地推推搡搡起来。当地人走惯了山路，不觉得"高处不胜寒"，游客们自然不是他们的对手，有的只好乖乖地交钱。这令我感到大煞风景，赶紧下山，什么景观的印象也未留下。可见一个思想者要尽量避免无端的干扰，心静独处，才有可能出好想法。我的独处往往在每年寒假春节期间，我在办公室干活，那时"窗外积雪鸟数只，楼内用功我一人"，身居斗室，却真是心旷神怡啊！

孤独不是孤僻，但苦思冥想使人吃不香，睡不深，有诗为证：

探幽不时觉迷茫，思陷囹圄忒寻常。
口到饭菜嚼石蜡，题系梦境睡圪床。
家务敷衍撞钟事，烛影寒更饥鼠望。
论文寄出尤思过，邮局门前几彷徨。

孤独的思考孕育着一种乐趣，所谓“研者心中尊寂寞，苦僧眼下泪不弹”。当他在歧路无灯下蹒跚后，从“荧屏行列几模糊，意象点线难成串”的困境中摆脱出来，终于看到清醒的景象，这种历尽劫难取得真经的过程如同唐僧到了西天。

孤独往往是人处于逆境或困境中的感觉，但意志坚定又爱思考的人在困境中反而能取得大成就。清代康熙七年，河南巡抚、理河道工部尚书兼都察院副御史张自德到汤阴县北八里处的羑里城看了周文王被关押的地方感慨地说：“文王不幸，而濒于危也。幸而不濒于危，《易经》湮没已乎？且文王为西伯有年矣，前此胡为乎未逮也？”曰：“文王固无暇及此也。文王之时，何时乎？书曰：‘文王卑服，即康功田功’。又曰：‘自朝至阳中昃，不遑暇食。’非羑里之故，文王固无暇及此也。然则圣人之不幸，实圣人之深幸也，不然天岂无故重困圣人哉。后之君子，闻文王之风者，其也可以自悟矣，其也可以自奋矣。”

同样的意思，在甘肃省文县的一座荒山中的文王庙，也以楹联反映出来：“蒙难观爻，石径蒺藜皆卦象。拘幽作操，雲田柞棫亦琴材。”可见孤独者的蒙难可以使人变得坚贞有为。

孤独的思考如走一条崎岖的小路。发现 X 射线的伦琴（Röntgen）爱好爬山，1922 年，他最后一次爬阿尔卑斯山时曾对同伴说：“我还是要选择离开熟路而到山石崎岖的路去攀登，如果我万一失踪，别到大路上去找我。”

指导研究生的尴尬

不少既有责任心又有能耐的教授常常会遇到类似于迈克尔逊(Michelson)带研究生那样的尴尬。迈克尔逊以用干涉仪测得光速不变原理而蜚声四海。但是他说:“我的实验居然对相对论这样一个‘怪物’的诞生起了作用,真是遗憾。”

迈克尔逊不太情愿指导研究生论文。有一回他写信表示要把他名下所有的研究生转给他的同事和另一著名物理学家罗伯特·密立根(Robert Millikan,因测量电子电量而获诺贝尔奖)。理由如下:

> “如果你能找到其他办法处理这件事我就不要再为指导论文而分神了。这些研究生对我提出的问题所做的,如果我把这些问题交给他们,就是每个人把问题搞糟了,因为他们没有能力按我的要求来处理。而他们也不可能使我对他们放手不管而让他们自己解决问题,或者是另一方面,他们得到了好的结果就立即开始想这个问题是他们提出的而不是我提出的。
>
> 事实上知道什么样的问题值得去攻克一般比只是实行下一步的研究要重要得多。所以我宁可不再为指导研究生的论文而分忧。我将在月底前雇一个自己的助手,他不会认为我除了工资支票还欠他什么。你来管理这些研究生吧,随你怎么管都行,只要你认为合适。为此,我会永远欠你的情。”

密立根在收到迈克尔逊的信以后如何反应,是否接受了迈克尔逊转来的研究生呢?我不得而知。可能只有像我这样的傻瓜才会愚蠢地只是应研究生本人的要求而去指导他们(并不是我名下的学生)写论文,促使我指导他们的原因很简单,就是听不得其哀求,说是若不能按时毕业就会精神崩溃,等等。于是我动了恻隐之心,把自己成竹于胸的题目送给他们做,还以为是侠义之举,帮人不计回报。现在我认识到我是越俎代庖,既得罪了他们的导师,又累了自己。而那些经我指导写出多篇论文的学生也未必知道我酝酿课题的辛苦与耗神。正如迈克尔逊的信中所说,他们得到了好的结果毕了业拿到了博士学位证书就立即开始想这是他们应该得的而不是我帮忙的。当然，我也遇到了有情有义的学生，而那真是凤毛麟角。有诗为证：

感事寄同行

人事忘却忒寻常，书海默忆我常愁。
助人何尝挂嘴边，送礼未必喜清流。
空费道谢百会说，屡见和睦一旦休。
酷暑方念树荫好，秋风刮起叶不留。

带研究生使我尴尬的事何止这些，总是以为助人当不计报酬，但事实是一次又一次地被人耍弄，全讲出来会让人笑话我的“迂腐”与“书呆子”气，还是打住吧。

谈理论物理的“积叶成章”

从事理论物理的人爱思、善思、多思，即使有零碎时间也不放过琢磨的机会。但是脑海里打转的东西转瞬即逝，所以必须马上记在什么地方。我经常半夜里一觉醒来，各种思路接踵而来，立刻起来拿纸笔记下来。不然的话，到了早上起来再回忆就想不起来啦。

我国元末明初文学家陶宗仪的名著《辍耕录》是“积叶成章”的产物。陶宗仪博古通今，善文能诗，而且平时很注意积累各种资料。晚年，他一边做教官，一边参加农活，偶尔在树下休息时也不忘写作，想起什么、见到什么或听到什么，便顺手写在树叶上。回到家中，他就将树叶贮在盎中。如此年复一年，十年中他竟积下十几盎树叶。后来，他取出盎中树叶整理成书，共三十卷，内容有元代政事、典章制度和关于诗词、小说、戏曲、音乐、绘画等方面的资料。这就是“积叶成章”的故事。

英国物理学家卢瑟福(Rutherford)是一个严肃认真的人，为了争取时间，往往忘了自己的一切。有一次，他和助手正在做实验，忙了一阵后，实验做成功了。卢瑟福读着硫化锌的闪烁读数，对助手说:“快，把我的读数记下来。”“实验记录本?”助手跳起来惶然四顾，忽然记起了记录本还在另一个房间里，他正想去拿，卢瑟福生气了，厉声叫道:“记在你的袖子上。”惊慌的助手便真的在衣袖上写起来了。

事后，卢瑟福看见助手弄脏了衣服，说:“真对不起！但又有什么办法呢?我们得抓紧时间呀。若是当时不记在袖子上，我们的实验还得从头做，那浪费的时间就太多啦。”

所以学理论的人最好随身带一小本，有好想法随时记下。如今有了手机，就更方便了。

收藏物理旧书的惊喜

我从小喜欢看书，读初中时的上学路上拐一个小弯就有一个旧书店，放学后我经常进去站着看我能看懂的书，有时一站就是几个小时。店员知道我没钱买书却从不赶我走，而我却因囊中羞涩每次推门进入此书店不免惴惴不安。

有一次，在合肥工业大学附近的一个旧书店中，从墙角灰尘积淀的一堆破旧书中我翻到了一本英文书 *Theory of Light*，作者居然是量子论的创始者普朗克，书是 1932 年出版的 (Oxford, Clarendon Press)。这一翻使我惊喜，合肥这个地方，以前居然有人带来了普朗克 1932 年的书，也不知那位仁兄是不是个物理学家。因为我事先知道这位书店老板对于珍稀书会漫天要价，所以怀着忐忑的心情问老板这本书什么价，谁知他开价只要 10 元。哦，他不晓得普朗克是什么人物，我二话没说就付了钱，请回了这位量子力学祖师爷的老版本书。回家后，一口气翻完，好像是听他作学术报告似的，深深为其理论的言简意赅折服。那天晚上，我梦见了普朗克，他说："我的书得其所哉，得其所哉。"

梦醒后我想起曾经在普朗克出殡时为其扛灵柩的德默尔特，普朗克的在天之灵让德默尔特在 1989 年得到了诺贝尔物理学奖。那么，普朗克 1932 年的著作到我家落户是否会给我在科研上带来好运呢?

我的另一次购书的惊喜发生在读研究生期间。在研究相干态理论时，探讨"玻色子产生算符是否存在本征态?"以往文献中的讨论漏了一个 δ 函数解，可是宗量为复数的 δ 函数如何定义呢? 我百思不得其解，论文遇到拦路虎，一筹莫展。可天公作美，一天无线电系资料室处理旧书，我恰好路过，看到一本海特勒(Heitler)的书《辐射的量子论》(1954 年版被翻译成了俄文)，由于我在高中读的是俄文，这本书能看懂个四五成，居然读到用围路积分形式表达的 δ 函数，这正好能解决我的困难。惊喜之余，赶紧掏了两毛五分买下这本书。这本书帮助我完成了一篇论文，它纠正了以往文献中关于玻色子产生算符是否存在本征态的理论。这本书的这次"艳遇"真是及时，可事先并未想到，莫非冥冥中天助我。海特勒与伦敦(London)又是首次成功地用量子力学处理氢分子的理论物理学家，所以被认为是量子化学的创始人，我对他的书十分推崇。

我的收藏经历说明，旧书不旧，它们说不定在什么时候会助我一臂之力。时不时地翻阅它们，还能帮助我整理思想。

清代著名学者王士祯也有收藏旧书的癖好，他在其著作《夫玉亭杂录》一书中写道："昔在京师，士人有数谒予而不获一见者，以告昆山徐尚书健菴，徐笑谓之曰：'此易耳，但值每月三五，于慈仁寺市书摊候之，必相见矣。'如其言，果然。"读此段落，我真想也去某个文庙廊内摆个书摊，也许会多认识几位文人骚客呢。

清代诗人袁枚关于收藏旧书有诗云："重理残书喜不支，一言拟告世人知。莫嫌海角天涯远，但肯摇鞭有到时。"他还写道："草草亭台布置余，今年真个爱吾庐。牙签都放西廊下，自有斜阳来曝书。"我向他学习，对于收藏的物理旧书十分爱惜，刚买来的旧书掸去灰，再用橡皮擦干净，抚平卷起的书边角，放在木箱内。

现在我老了，该把它们送给谁呢？

谈理论物理学家的羞辱

苏联理论物理学家、诺贝尔物理学奖得主朗道曾对他的助手金茨堡(Ginzburg,后来也得了诺贝尔物理学奖)说过这样一个故事:物理学家A君对物理学家B君提及他曾先于薛定谔导出了薛定谔方程,但他未发表此结果,因为他没有充分想到其重要性。对此B君的反应是:“我建议你别再把此事告诉任何人,因为推导不出薛定谔方程不是羞愧的事,但是已得到此结果而不能欣赏其重要性才是一种羞辱。”

这个小故事起码说明以下三点:

1. 物理学家更看重他导出的方程的物理意义,它包含的新物理是什么,有什么物理应用,又能预期什么。即是说,理论物理学家的鉴别能力反映了他的学术水平。其实,在提出薛定谔方程以后,薛定谔曾认为物质波恰如时空中的三维波,电子是振动着的“云”,而不是孤立的粒子。电子的辐射起源于与电子波相伴随的振动。另一位物理学家玻恩是第一个指出薛定谔的“云”模型是不稳定的,因为波包扩散理论会使“云”耗散掉。这说明了以下第二点。

2. 看清方程的物理意义也不是一蹴而就的,要反复推敲,不要轻易放弃。

3. 一个物理学家应该坚持自己的科研方向,成功在于再坚持一下的努力之中。

思索理论物理的状态
——白云回望合，青霭入看无

常有研究生问我，老师你是怎样思考物理问题的？我用唐代诗人王维的一首诗《终南山》中的一联“白云回望合，青霭入看无”作答。这两句诗的白话文字面是：白云缭绕回望中合成一片，青霭迷茫进入山中都不见。写出了烟云变灭、移步换形的朦胧感。我在想物理问题时就像王维入终南山的阅历，既“入看”，又“回望”。

王维回望的是在终南山中刚走过的路，穿过白云弥漫的路，再回头看，原先分向两边的白云又合拢来，汇成茫茫云海。我在多年前的两个阴霾天分别登上安徽天柱山和江西的庐山，都领略了这种感觉。

缭绕群峰的不但有白云，还有青霭，这是因为山体雄伟，树林繁茂，暖湿气流到处不同所致。“青霭入看无”一句，与“白云回望合”相呼应。一方面诗人时而入云海，时而又蒙青霭，飘飘欲仙，就更急于“入看”玉宇琼楼，然而身陷其中，却看不真切，一切都笼罩于茫茫“白云”、蒙蒙“青霭”之中。另一方面，才看见的美景仍然使人留恋，禁不住回望，回望而见“白云”“青霭”具“合”，景物似太虚幻境，似有似无。

我经常在夜半睡醒，一觉以后，脑子特别清醒，就不由自主地想起日间未完成的问题。此时万籁俱寂，思绪新鲜，思意兴浓，思路顺畅，顺顺当当地想了好久，觉得已有好结果，再想回头捋一遍思路，可是刚才思路的出发点却隐没了，哪儿去了呢？一着急，刚刚想出的结果霎时也在脑中荡然无存，正是“白云回望合，青霭入看无”。那一刻的思维状态，正是应了韩愈的诗句“草色遥看近却无”。不过，韩愈是在高兴地赞美春色，而我却因茫然所失，好不令人惆怅也。

于是写下词两首：

（一）

梦入解题觅思路，
孤萤化星，依稀有灵悟，
睡里缺笔无记处，

觉来朦胧追忆误。
惆怅梦境难复苏，
铁鞋未破，尚须费工夫。
莫怨花径生迷雾，
雾中看花有似无。

（二）

挑灯抱影复攻书，
天涯有穷，阅识无尽处。
夜深神凝思绪殊，
易添彩笔题新赋。
遥望太空不觉孤，星月无眠，无意诉清苦。
休悔年轻曾虚度，夜兼日作勤拙补。

经典文献要“学而时习之”
——再读《石壕吏》

多年来的读书科研使我领略到，经典文献要如孔夫子所教诲的那样学而时习之，尤其是大家的文章具有普遍性意义，更是要时不时地翻阅：一是要想作者是如何提出和解决问题的，是否还有更妙的法子；二是要想还能往下做吗？随着人的阅历和研究经验的增长，再读大家的文献偶尔会有新的心得。例如，我在“文革”期间读了狄拉克的《量子力学原理》一书，发现了对 ket-bra 积分的题目；两年前我又翻阅了这本书，悟出了表象可以反映波粒二象性；而去年我再翻阅此书，发现除了纯态能构造表象外，混合态也能构造表象。

这种“学而时习之”所产生的深层的多元的体会就是在读文学作品也偶有产生。例如，我在念初中时，就会背诵杜甫《石壕吏》一诗，深深体会到安史之乱给百姓带来的灾难。近来又读一遍，就有新体会，认识到诗中提到的老妪乃是中国历史上第一贤惠之妇人。请看杜甫的这篇经典诗作：

暮投石壕村，有吏夜捉人。老翁逾墙走，老妇出门看。
吏呼一何怒，妇啼一何苦！听妇前致词：三男邺城戍。
一男附书至，二男新战死。存者且偷生，死者长已矣！
室中更无人，唯有乳下孙。有孙母未去，出入无完裙。
老妪力虽衰，请从吏夜归。急应河阳役，犹得备晨炊。
夜久语声绝，如闻泣幽咽。天明登前途，独与老翁别。

杜甫在某个傍晚投宿石壕村某家，恰逢有差役在晚上来抓人。老翁越墙逃跑，老妇出门去察看。差役吼叫多么凶狠，老妇人啼哭多么痛苦！杜甫听到老妇人走上前去对差役诉苦说：三个儿子应征防守邺城，其中一个儿子捎信回来，说两个儿子刚刚战死了。活着的人暂且活一天算一天，死去的人永远不会回来了！家里再没有别的男丁，只有还在吃奶的孙子。因为有孙子在，他的母亲还没有离去，进出没有完整的衣服。老妇我虽然年老力衰，但请让我跟随你在今晚回兵营去，立刻应征到河阳去服役，还能够为军队准备明天的早饭。

为了掩护老头、保护儿媳与孙子，老妪做了自我牺牲。第二天杜甫登程赶路，只能同那个老翁告别。这与“夫妻本是同林鸟，大难临头各自飞”形成了鲜明的对照。所以我认为她是千古第一贤惠女性，尽管杜甫没有记载她的名字，但她是真实的历史人物，不是《聊斋》式的虚拟人物。

清代的大诗人袁枚曾写诗《马嵬》，道：

莫唱当年长恨歌，人间亦自有银河。
石壕村里夫妻别，泪比长生殿上多。

此诗将唐玄宗李隆基与贵妃杨玉环之间的爱情悲剧（见于白居易的《长恨歌》）放在民间百姓悲惨遭遇的背景下加以审视，强调广大民众的苦难远非帝妃可比，也十分有新意。

我把自己对那位老妪的评价告诉给研究生们，得到他们的一致赞同。

理论物理学家的消灾资本

学理论物理的人一定要打好基本功,决不能像南郭先生那样没有技能而滥竽充数。基本功对于理论物理学家是至关重要的,有时还能消灾保命。苏联有个理论物理学家塔姆(Tamm),因圆满地解释切伦科夫辐射而于1958年获诺贝尔奖。他就是靠自己的踏实基本功在大难临头时幸免于难的。

塔姆年轻时住在乌克兰的敖德萨,那时城里食品供应奇缺,而在乡村里农产品却不少。于是许多城市居民带上丝手绢、银器甚至金表去乡村与农民交换面包、奶油或鸡。但是这类交换有些冒险,因为有的村庄被某些帮派分子所占领,他们与城里的占领者是敌人。

一天,塔姆带了约半打银饰到附近的一个村庄去换鸡,正与一个老乡讨价还价时,被庄里的帮派分子抓住了,见他是城里人模样,就押送他去见一个头目。那个头目一脸络腮胡子,戴着高高的黑皮帽,宽广的胸前交叉着机关枪弹带,腰带上掖着几颗手榴弹,一见塔姆就骂:"你这个王八蛋,来煽动反对我们,处你死刑。"

"不,"塔姆说,"我是一个教授,在敖德萨大学工作,到这里来只是搞点食品。"

"胡说,"头目反驳道,"你教的是什么?"

"教数学。"

"数学?"头目说,"那好吧,你给我估计一下在第 n 级上切断麦克劳林级数所造成的误差,做得出来,放你走;做不出的话,嘿嘿,毙了你。"

塔姆简直不敢相信自己的耳朵,因为这是一个高等数学中相当专门的题目。他颤抖着手,在枪口的威逼下,设法解出了这道题,交了卷。

"正确。"头目说,"现在我知道你真是个教授了,回家吧!"

塔姆走在回家的路上,脑子却在想这个头目是谁。无人知道这个头目是谁,如果他能在战争中幸免于难,他也许会在某个乌克兰的大学里教高等数学。

我国唐朝也发生过文人遭遇强盗后以作诗保命消灾的事。《唐诗纪事》有一条关于李涉的记载，他于长庆二年(822年)的春天，到江西九江去看望在那里当江州刺史的弟弟李渤。船行至皖口(在今安庆市，皖水入长江的渡口)，忽然遇到一群打家劫舍的盗贼手执刀枪，喝令停船。问："船上何人?"从者答："李涉博士。"匪首听后，命令部下停止抢劫，说："我辈早就听说他的诗名，希望他能给我们写一首诗。"(史书记载：涉尝过九江，至皖口遇盗，问何人，从者曰："李博士也。"其豪首曰："若是李涉博士，不用剽夺，久闻诗名，愿题一篇足矣。")

原来李涉"工为诗，词意卓荦，不群世俗。长篇叙事，如行云流水，无可牵制，才名一时钦动"。李涉听罢，铺开宣纸，即兴写了这样一首题为《井栏砂宿寓夜客》的诗：

暮雨潇潇江上村，绿林豪客夜知闻。
他时不用逃名姓，世上于今半是君。

此诗的后两句是意味深长的现实感慨，说如今这世道，一半的人都是强盗了，你们这些敬重诗人的绿林豪客不用匿名躲藏了。

据《唐才子传·李涉传》详细记载，当日意欲打劫李涉的强盗们得了这首诗如获至宝，馈赠给了诗人李涉大量的牛肉美酒，还两次拱手作揖与李涉拜别之后送他上路……

在《全唐诗》中，此诗或许未臻一流，但却告诉人们，名人一定要实至名归，才能得到别人(甚至是强盗)的尊敬。尤其是我们当博士生指导教师的一定不要沽名钓誉，沐猴而冠。

理论物理学家的心灵慰藉

“朝闻道，夕死可矣”，这反映了我国古人追求真理的紧迫感，也是在学习和参悟到知识真谛后的一种心灵慰藉。我们研究理论物理的人的目标是聆听自然界搏动的脉，描绘自然界千变万化内因的图，在理解自然的过程中求得心灵的惬意。若能求得发现，哪怕它不是光照千秋的，也会令人激动地领悟到“天生我材必有用”的喜悦。

在这样的心态下研究理论物理，不必非选做最重要的理论工作不可（因为大多数人都不具备爱因斯坦那样的慧眼，也不一定有那样的机遇）；也不必认为非做一鸣惊人的文章不可；也不必受“创新只有第一没有第二”论的束缚，你的论文若能有助于突出他人的第一又未尝不可呢，因为红花也要绿叶衬。

理论物理学家是根据物理现象计算的人，只要能凭自己的直觉与能力找到理论方面的美感，我就心满意足。在理论物理方面，我不是一个大事不会、小事不做的人，我做了很多小事，偶尔也做了些对量子力学表象与变换理论有影响力的工作以及明显促进量子光学的数理基础理论发展的工作。我不是天才，所以我只能以“不积跬步，无以至千里”的方式行路。以这种方式行路，我也直接地解决了若干天才物理学家生前希望解决的问题，或是没有注意到的有趣而重要的问题。

理论物理学家又是一种有幻想的人，他们会构想理想实验。爱因斯坦曾说：“假如这个思想一开始就不是荒唐的，那么它就没有希望了。”例如，德布罗意提出的波粒二象理论就是幻想的范例。那么别的物理大师又是如何看待波粒二象性的呢？普朗克在1934年的一段回忆中提到对德布罗意的态度时说：“早在1924年，德布罗意先生就阐述了他的新思想，即认为在一定能量的、运动着的物质粒子和一定频率的波之间有相似之处。当时这个思想是如此之大胆，以至于没有一个人相信它的正确性……这个思想是如此之大胆，以至于我本人，说真的，只能摇头兴叹。我至今记忆犹新：当时洛仑兹先生对我说：‘这些青年人认为抛弃物理学中老的概念简直易如反掌。’”又例如，为了解开原子核内部质子和中子的相互作用之谜，汤川秀树在相当长的时期内，几乎每个晚上都是瞪着天花板度过的。他注意到，天花板上两个漏雨水痕的形状颇似树的年轮，年轮圈的中心部位有两个瘰疬，外边则形成了葫芦状的水痕。第二天，为了换换心情，他去打棒球。望着手中准备投出去的棒球，他不由回想起昨晚看到的"由两个瘰疬组成的葫芦状年轮"。突然，一个假设大胆地跳了出来：原子核内会存在一些微粒子，它们产生一种交换力，使核中的质子和中子既可以相互作用又不相互排斥，共同构成原子核。可见，"静谧灵感源，涌思脑海舟"，物理学家们静静地享受那种发挥想象力的快乐，这种快乐的心态是保持持续研究的"润滑油"。

爱因斯坦曾说："对于一个毕生努力追求一点真理的人来说，如果他看到他人真正理解并欣赏自己的工作，那就是最美的回报了。"我早在 1988 年就与任勇在 *J. Phys. A* 发表一篇用 IWOP 方法求转动群类算符的文章，后来收到英国物理学家贝克豪斯（Backhouse）寄来一篇文章的抽印本，发表在 *J. Phys. A* [21(1988)1971]上，他用另一方法得到与我相同的结果，抽印本上他写着"with compliment"。我的理论被德国物理学家温修（Wunsche）用综述性文章介绍与推广，发表在 *J. Opt. B: Quantum Semiclass. Opt.* [1(1999)R11～R21]上。在文章中他写道：

> This paper intends to give an introduction and some (known and new) examples to a calculation method in quantum optics which I call the Hong-yi Fan method. It was developed by Hong-yi Fan in other papers and is represented in his monograph, and named by him as the method of integration within ordered products(IWOP).

前两年，我又收到英国物理学家布朗斯坦（Braunstein）的电子邮件，他说他在读研究生时期就常看我的论文，学习我的方法。目前，我的论文被引用达六千多次，h 因子为 32。关于量子论的 18 部专著卖得也不错，越来越多的人开始领悟了 IWOP 方法对于量子力学数理结构的基本重要性。这比起山水画家黄宾虹先生的境遇好多了，他老人家在弥留之际曾不无遗憾地对弟子说："我的画要在我死后再过 50 年才有人看得懂。"悲夫！一生踽踽独行的宾虹老。

"文章千古事，得失寸心知"，我愿以此与同行们共勉，并在欣赏自己求得的真理中享受心灵的惬意。

研究生导师应有的身先士卒精神

要做一个名副其实的研究生导师首先要有羞耻心，即为在学生面前显露无能、无知而感到羞耻。

诺贝尔物理学奖得主施温格很年轻时就已经成就斐然，不少年轻人乐意报考他的研究生。施温格一生中培养了七十多位物理博士，其中有两个人获得了诺贝尔奖，还有不少是美国科学院院士。尽管施温格在理论物理和微波研究方面有许多杰出的贡献，但他并不以聪明人自居。20世纪70年代时，施温格给他的一个学生布置了科研题目，几周以后那个学生向他汇报论文进展情况，施温格想了一会儿建议在计算中再补充考虑一项。那个学生马上反驳说这样的一项是不能加入的，因为从宇称守恒的角度来看是禁戒的。施温格对那个学生的快速反应感触很深，敲敲自己的脑袋连连说："我真愚蠢啊！"

类似的事情也发生在我国近代著名学者朱起凤先生身上。他22岁时就在海宁安澜书院担任主讲，教学生读书作文。有一次，朱先生见一份课卷中有"首施两端"一语，怀疑是学生笔误所致，于是在卷子上加了"当作'首鼠'"的眉批。发卷以后，学生围观这份卷子，议论纷纷。这天，朱先生收到一张纸条，上面写着："《后汉书》都没读过，怎么批阅文章？"原来，"首施"一词来源于《后汉书》，而朱先生的批阅依据则是《史记》和《汉书》。其实"首施"就是"首鼠"，它们音近而义通。朱先生十分不安，深感惭愧。从这以后，他潜心读书，大量收集古书中的双声连语。历时二十多年，终于写成了一部我国篇幅最繁（三百多万字）的双声连语词典。这就是现在学习古代文化知识很有参考价值的工具书——《辞通》。

现在我处在后生可畏吾衰矣的阶段，尤其感到他们对我无形的压力，所以我仍是废寝忘食地学习和工作，身先士卒地思考物理和数学问题，做一个合格的博导。

论文投稿的苦涩

理论物理进展的主要表现形式是发表论文，如今国际上论文质量的高低被纳入“区”，物理的论文分四个区，按影响因子(impactor)的大小来划分。

我早年投寄论文只求及早发表，不在意于在什么杂志刊出。“文章千古事，得失寸心知”，认为只要自己心知肚明，不求旁人夸“好颜色”。在E-mail未发明之前，投稿以从邮局寄邮包的方式，一式三份，分量很重，为了节约邮资，还要称一称，还恐地址写错。付了邮件给营业员后，还要在邮局里出入彷徨，很歉愧地要求营业员反复核对邮址。

我投寄文章，有时也会被退稿，但只要自己心里有底，就以“屡败屡战”的精神继续改投别的杂志。记得有一次投一篇好文章给*J. Phys. A*，等了两个月给退稿了，只好再投*Mod. Phys. Lett. A*。没想到刚投不久，*J. Phys. A*来信又说录用了，于是我再写信去*Mod. Phys. Lett. A*抽稿，其中的苦涩，不写文章的人是难以理解的。有时遇到的审稿人，不懂装懂，胡批一气，撰稿人的回答还必须陪着小心，心里可窝囊了。

一篇好论文能否最终发表在理想的杂志上，七分靠水平，三分靠运气。写论文很辛苦，论文投寄过程中的等待也很煎熬人，所以我曾写下小诗一首：

构思近三月，稿投已半年。
水到渠成后，月望晓星前。

成语“水到渠成”是说水冲来自然就形成了渠，而写论文的过程却不然。论文完成如渠成，但是不发表就是水未到来，即便成了渠也没有用。所以我说论文见于杂志是“水到渠成后”，在这以前，我就只能在孤夜里望着月亮盼着启明星(稿件被接受发表的消息)的出现。

理论物理学家的出世精神与入世事业

我国近代美学大师朱光潜先生早在其少年时代就提出“以出世精神做入世事业”，令人钦佩。

朱先生曾写道：“有许多在学问思想方面极为我所敬佩的人，希望本来很大，他们如果死心塌地做他们的学问，成就必有可观。但是因为他们在社会上名望很高，每个学校都要请他们演讲，每个机关都要请他们担任职务，每个刊物都要请他们做文章，这样一来，他们不能集中力量去做一件事，用非其长，长处不能发展，不久也就荒废了。名位是中国学者的大患。没有名位去挣扎求名位，旁驰博骛，用心不专，是一种浪费；既得名位而社会视为万能，事事都来打搅，惹得人心花意乱，是一种更大的浪费。‘古之学者为己，今之学者为人’，在‘为人’‘为己’的冲突中，‘为人’是很大的诱惑。学者遇到这种诱惑，必须知其轻重，毅然有所取舍，否则易随波逐流，不旋踵就有没落之祸。认定方向，立定脚跟，都需要很深厚的修养。‘正其谊不谋其利，明其道不计其功’，是儒家在人生理想上所表现的价值意识。‘学也禄在其中’，既学而获禄，原亦未尝不可，为干禄而求学，或得禄而忘学便是颠倒本末。我国历来学子正坐此弊。”

西方名人中，物理学家狄拉克是一位“以出世精神做入世事业”的人物。当宣布他是1933年诺贝尔奖得主时，一开始他甚至不想接受。后来，他又被提名为剑桥大学卢卡萨教授，这是与牛顿齐名的荣誉，为了躲避，他居然躲进了动物园。另一位物理学家费曼也曾感慨：“总的来说，我认为没有奖会更好些……”有一次，他被邀请到伯克利大学作一个物理专题报告，听众中很多不是搞物理的，而是来看诺贝尔奖得主的。费曼感到十分尴尬，不知该怎样讲，不知讲什么才能使听众都满意。

我国清代郑板桥也是一位“以出世精神做入世事业”的人物。他用功读书，当了进士，清心寡欲，做了县令后又辞官，经历入世与出世，终得难得糊涂的无奈。他爱竹，体现了这种价值观。对于宋代诗人徐庭筠的《咏竹》中的“未出土时先有节，到凌云处也虚心”两句我感触很深，曾写诗《咏竹》以和：

（一）

扎根可墙隅，入室贫不嫌。

家徒四壁处，亦有晾衣竿。

竹的生长可以扎墙隅，竹的寄居可以入穷人家，是出世精神；竹笋是要冒尖的，想入世，所以我又写道：

（二）

爱绕竹林行，追寻糊涂难。

望竹慕板桥，抚笋欲冒尖。

入世与出世的矛盾对立统一在竹子身上得以充分体现。

理论物理的旧学与新知

宋代理学家朱熹曾有诗句:“旧学商量加邃密,新知涵养转深沉。”对于我们学物理的人,从字面上理解它,应是对于已有的知识加以进一步讨论会使得理论更加缜密;而在学新知时,如果学者已有的涵养丰富,则能发展它,使之更深刻。

物理学家费曼曾指出对老的物理知识从新的角度去考虑,乃是一种乐趣。我遵从他的指教,对量子力学的表象理论从数理统计中的正态分布去理解、去公式化,不但有助于理解玻恩关于量子力学的几率假设,而且发展了量子力学相空间理论,即从旧学发展出新知,可见对于物理学而言,“旧学商量”何止是“加邃密”呢?

新知靠研究而得,研究者原有的知识越广博,则新知的深度与触角增长越快,从新知看旧学则高屋建瓴,居高临下,事情变得简洁易懂。例如,以麦克斯韦方程看电磁学的安培定理、法拉第定理有“会当凌绝顶,一览众山小”的感觉。我本人创造的“有序算符内的积分技术”打通了态矢与算符的“壁垒”,使得表象变换别有一番“风景”。那么,“新知”的出现岂止使得“涵养转深沉”呢?

理论物理学家的良心

爱因斯坦曾写道:“第一流人物对于时代和历史进程的意义,在其道德品质方面,也许比单纯的才智成就方面还要大。”让我们读一下大物理学家海森伯给他的老师玻恩的信:

亲爱的玻恩先生:

如果说我有好长时间没有给您写信,也没有对您给予的祝贺表示感谢,其一部分原因是我对于您问心有愧。由于我们三个人——您、约尔丹和我在哥廷根的工作,只有我一个人得到了诺贝尔奖金,这个事实使我很别扭,而不知道该怎么写信给您。所有真正的物理学家都了解您和约尔丹对量子力学的贡献有多么伟大,但我只能再一次为良好的合作而感谢您,而且觉得有一点惭愧。

另一位天才物理学家费曼在领诺贝尔奖时,想到了一位同行斯图克伯格(Stückelberg)在这方面的贡献,就说:“当我正在接受各种荣誉时,斯图克伯格却迎着西沉的夕阳。”令人感慨。

相比费曼的高尚,科技界也有不知羞耻的人。环顾周围,有些导师无真才实学而靠剥削学生戴上了种种桂冠,当他们哗众取宠、弹冠相庆时,在其道德品质方面,也在表演人心太坏的丑剧。

思绪、思维和思考

在崇尚改革发展的今天，人们常谈及创新性思维，那么思维与思考有什么关系呢？

要讲清这一点，不能不谈及思绪。思绪是人类大脑活动的基本要素，所谓“此情此景，思绪万千”。当对一事无计可施时，人们常会说：“千头万绪，我还没有理出头绪来。”当一个人心乱如麻，他虽思绪纷繁，却没有主意。可见思绪是出发点，理出了头绪，就如蚕吐丝那样，形成了思维，思维是将点变成线，思维方式越多，线条越多。那么，哪一条线是有效的呢？这就需思者考量、考察，边思边考，就是思考。有张力的思维就经得住思考，思而不考，是胡思乱想。孔子所说的“学而不思则罔，思而不学则殆”，其中的思就是指思考。而对于荀子的《劝学篇》中说的“吾尝终日而思矣，不如须臾之所学也”，我以为这句话说得含糊，终日而思在放松后有时会有灵感产生，这比须臾所学之所得宝贵得多呢！

“牵强附会”在量子物理进步中的作用

文学家胡适先生曾指出：“不少研究《红楼梦》这部书的人都走错了道路，他们并不曾做《红楼梦》的考证，其实只是做了许多《红楼梦》的附会！”

胡适写道：“蔡孑民先生的《石头记索引》这部书的方法是：每举一人，必先举他的事实，然后引《红楼梦》中情节来配合。我这篇文里，篇幅有限，不能表示他的引书之多和用心之勤，这是我感到很抱歉的地方。但我总觉得蔡先生这么多的心力都白白地浪费了，因为我总觉得他这部书到底还只是一种很牵强的附会。我记得从前有个灯谜，用杜诗‘无边落木萧萧下’来打一个‘日’字。这个谜，除了做谜的人自己，是没有人猜得中的。因为做谜的人先想着南北朝的齐和梁两朝都姓萧；其次，把‘萧萧下’的‘萧萧’解作两个姓萧的朝代；另外，二萧的下面是那姓陈的陈朝。想着了‘陈’字，然后把偏旁去掉（无边），再把‘東’字里的‘木’字去掉（落木），剩下的‘日’字才是谜底！你若不能绕这许多弯子，休想猜谜！假使一部《红楼梦》真是一串这么样的笨谜，那就真不值得猜了。”

但是，物理学的进步有时却离不开“附会”和“猜谜”，它们或许是直觉的一部分。例如，对于普朗克在1900年提出的能量量子学说，德布罗意的第一个问题是，不能认为光量子理论是令人满意的，因为它是用$E=h\nu$这个关系式来确定光微粒能量的，式中包含着频率ν。可是纯粹的粒子理论不包含任何定义频率的因素，对于光来说，单是这个理由就需要同时引进粒子的概念和周期的概念。另一个问题是，确定原子中的电子的稳定运动涉及整数，而至今物理学中只有干涉现象和本征振动现象涉及整数。这使德布罗意想到不能用简单的微粒来描述电子本身，还应该赋予它们以周期的概念。于是德布罗意“附会”到，对于物质和辐射，尤其是光，需要同时引进微粒概念和波动概念。换句话说，在所有情况下，都必须假设微粒伴随着波而存在。

可是，其他物理大师又是如何看待波粒二象性的呢？普朗克在1934年的一段回忆中提到对德布罗意的态度时说：“早在1924年，德布罗意先生就阐述了他的新思想，即认为在一定能量的、运动着的物质粒子和一定频率的波之间有相似之处。当时这种思想是如此之大胆，以至于没有一个人相信它的正确性……这种思想是如此之大胆，以至于我本人，说真的，只能摇头兴叹。我至今记忆犹新，当时洛伦兹先生对我说：'这些年轻人认为抛弃物理学中老的概念简直易如反掌。'"

与洛伦兹的观点相反，爱因斯坦说："假如这种思想一开始就不是荒唐的，那么它就没有希望了……物质的波动本质尚未被实验验证的时候，德布罗意就首先意识到物质的量子状态和谐振现象之间存在着物理上的和形式上的密切联系。"

经过波粒二象性的"附会"以后，德布罗意从几何光学的最短光程原理和经典粒子服从的最小作用量原理的相似性，写出了物质波公式。

可见，历史和文学的考证工作容不得"牵强附会"，而对于理科来讲则不失为是一种试探。

理论物理学家的“厨子抹灶”和“篙工擦船”

大画家齐白石在事业刚起步时，他的大写意画风曾被一些同行讥笑为“厨子抹灶”。齐白石则反唇相讥，将他们的勾勾画画、细细描描比喻为“篙工擦船”。篙工常在船休时对船体外壳涂抹油漆，以增船之使用寿命。

其实，这两种风格在理论物理研究中都用得着。从错综复杂的现象中提炼出明确简要的物理图像并作估算(如物理学家费米所拿手的)，这相当于绘画的大写意手法，因为这抓住了本质，而忽略了次要因素。当进一步完善理论时，则需要“篙工擦船”的功夫。以此衡量，大多数的物理工作者做的是篙工的活罢了。明知如此，为稻粱谋也得做下去，毕竟能入无人之境的人是极少数的。

笔者有幸以发明“有序算符内的积分技术”而入量子力学的一个荒芜之境，使得经典力学变换向量子力学变换理论有了别开生面的进步，在近几十年的科研中可谓“厨子抹灶”和“篙工擦船”兼用了。如今，为了使自己还有经历厨子抹灶的机会，训练脑力是必要的，于是练练即兴写诗，如下面的这首小诗：

出差坐夜车晨起吟诗

田野蒙蒙隔车窗，倦眼专顾晨鸟望。
庄稼无边何处尽，此身有福仍着忙。
已少灵感备论文，便诵诗词阻健忘。
飞车怎及时光快，一夜浅睡鬓染霜。

读张岱的《夜航船》谈物理学人的自诫

明朝文人张岱曾写了名为《夜航船》的书，其序中写到这样的故事：过去，有一个僧人和一个读书人一同住宿在夜航船上。读书人的高谈阔论使僧人既敬畏又害怕，于是缩着脚睡了。僧人听他的话中有疏漏的地方，于是就说：'请问你，澹台灭明是一个人还是两个人？'读书人说：'是两个人。'僧人又问：'这样的话，尧舜是一个人还是两个人？'读书人答：'当然是一个人了。'僧人笑了笑说道：'这样说起来的话，还是让小僧伸伸脚吧。'我所记载的，都是眼前非常肤浅的事情，我们姑且把它记下，只是不要让僧人伸脚罢了。于是便把这本书命名为《夜航船》。

张岱没有写到这个读书人对僧人伸脚的反应如何，是承受，是愠怒，还是大怒。

我由此想到国外有的人对于量子力学的基本概念与数理基础都还没搞懂就自诩为该学科的轨道领路人了，可惜其伪装因他自己论文的低级错误而造成通篇全错的事实而不攻自破。更有甚者，对于有"伸伸脚的小僧"也伺机报复。这种人，正如张岱所说过的那样："他们的学问真丰富啊，简直可以算是两只脚的书橱了，然后知道这些对文章的词句、内容的条理和校正并没有益处，这样便和那些不识字的人没有任何区别了。"

画家白石老人曾说："艺术之道……不欲眼高手低，议论阔大，本事卑俗。"从事科学与从事艺术有共同点，所以我常告诫学理论物理的研究生：不要对热门物理词汇颠三倒四地胡乱用或哗众取宠，不要为了名利提出虚假的课题迷惑大众（普朗克曾告诫人们要区分是真课题还是假课题），不要夸大点滴成果欺世盗名，不要对名誉奖励望眼欲穿。所谓"世誉不足慕，唯仁为纪纲。隐心而后动，谤议庸何伤？无使名过实，守愚圣所臧"。

投寄论文的国界

常听说“科学无国界”这样的话，吾尝疑乎是。就拿投寄科学论文一事来说，中国大陆人员（与国外科技人员不常联系、合作的人）寄论文到西方重要的杂志，如无国外作者挂名或合作，往往连审都不审就被编辑部退回，理由是莫须有的。原先我想不通，以为科学无国界，那么投寄论文也应无国界，现在通过中日钓鱼岛争端我恍然大悟，西方有的国家遏制中国不单落实在军事、经济上，在科技界又何尝不是如此呢？常常可以看到那些西方重要杂志上刊出外国作者署名的但很平庸的文章，而中国作者在某个科技领域真正原创领先的论文是刊登不了的，因为这是遏制中国科学进步者所不愿意看到的。与此相反，那些亦步亦趋西方成果的论文倒还是可以被那些杂志接受的。明白了这一点，我又何必用匠心独运的论文向西方人办的杂志投怀送抱呢？

理论物理学研究生的选题

物理研究课题有重要与次要之分。我们且看那些物理大师们在未出茅庐前是如何选题的。

从1894年起，普朗克就把注意力放在黑体辐射问题上，即探求平衡辐射的能量密度。普朗克写道："这个所谓正常的能量分布代表着某种绝对的东西。既然在我看来，对绝对的东西所作的探讨是研究的最高形式，因此我就劲头十足地致力于解决这个问题了。"他从稳定分布时熵极大的思想出发，找到了辐射的能量分布规律。可见，普朗克选题的首选是对绝对的东西作探讨，认为是研究的最高形式。这使我想起薛定谔曾说："你(指爱因斯坦)在寻找大猎物，你是在猎狮，而我只是在抓野兔。"

而另一位大师海森伯在未出茅庐前，抓住了理论应该建立在客观测量的基础上的原则，扬弃了玻尔的原子轨道说，指出："大家都知道，量子论用来计算像氢原子的能量这类可观察量的成形规则，把电子的位置和运行周期作为要素，原则上显然是将不可观察的量之间的关系作为基本元素的理论基础看来，应受到严厉的批判。"海森伯从可观察到的原子辐射谱线的频率和强度出发，再计入原子现象的量子化特性，创建了矩阵力学。可见，海森伯选题的方针是抓住本质性的东西。

1925年秋天，当玻尔把海森伯关于新量子论的开创性论文寄给狄拉克的老师福勒时，福勒让狄拉克看，狄拉克的第一印象是文章没什么新的东西。一周以后，他似乎觉得文章中的不可对易的乘法，这在海森伯看来是其思想的弱点，也许正是解决整个问题的关键。海森伯的不可对易代数也许应该与经典力学的泊松括号相联系。经过创造性的研究，狄拉克定义了量子对易括号并建立了 q 数代数理论，使海森伯的新量子论得到了更好的系统的阐述。狄拉克的这个选题抓住了海森伯论文中的本质性的东西。

另一位大师魏格纳从20世纪20年代起就研究自然对称原理这一基本问题，也是本质性的问题，因为这些原理有很基本的应用。

我向那些大师们学习，在几十年的研究生涯中，注意抓住有基本重要意义的、有广泛应用的题目进行研究，做出了一些有特色的优美的工作。

希望理论物理研究生在择题时以这些大师的经验为典范，尽量寻求基本的、绝对的东西做，这样做出来的论文才能经久不衰，有望成为经典。在此吟诗一首：

问君何事展愁靥，思考进退维谷间。
往复窄巷屡错门，左右宽拓终逢源。
琐事临前犯糊涂，论文做后求精练。
积露汇泉涌专著，不成经典不释卷。

而要在理论物理领域所作为，先要立志，所以我在此书的写作过程中专门为研究生作诗如下：

秋愁掺皎色，随风谐枝振。
落叶无奈树，寒窗有志人。
门低少访客，眼高只鲲鹏。
研学陷落寞，羞月钻云层。

理论物理学博士生的面试

招理论物理学博士生或博士后，面试阶段是不可掉以轻心的。

面试一个理论物理学博士生，首先要看他的气质。古人云："人禀天地之气，有今古之殊，而淳漓因之。"尽管面试不是相面，但气质的高雅和卑琐是能在面试时看出来的：若气质薄，则学力有限，缺乏韧性，遇难而退。清代的曾国藩在观人气质淳漓方面独具慧眼，所以他帐下的将军和幕僚都不同凡响。海森伯还在上大学时就被玻尔看重，不管他的答辩成绩好坏而都收他当自己的助手。

其次要看他的天资。因为学生通常分"有生而能之，有学而不成"，前者有悟性，引而不发却有望成家；后者则入门不易，造就不易，虚费岁月，指导徒然。

我近50年的教学和科研生涯中主要是独立做工作，从不指望学生们能在学术上对我有所启迪。对新的理论物理学博士生或博士后的气质和天资没有给予足够的重视，以为是"以貌取人，失之子羽"，现在想来，悔之晚矣。

写到此，我阖上眼睛，脑海里出现了一个个我曾合作过的学生的相貌，结合他们每个人的聪明程度与成就，我还是总结出了一些如何从面相看人的经验，"此中有真意，欲辨已忘言"。

写字与写论文

我喜欢看书法，但不会鉴赏。两幅在我看来都挺顺眼的作品，行家能鉴别出哪幅笔力更为厚实，哪幅笔法更为细腻遒劲，而我却不能。我又羡慕书法好的人，即使是业余的，瞧他们表演书法时那个挥毫洒脱、龙飞凤舞、一气呵成的场面，真要怀疑他们有翻手为云、覆手为雨的手腕了。再瞧他们赠墨宝给他人时受者那副毕恭毕敬、如获珍宝的样子，真想放下论文不写去学书法了。

写科学论文实在是划不来，既要冥思苦想，又要创新意保长远。若谈起写论文前的准备工作，那更是忙煞人，先要作调研，从几个甚至几十个方向中选一个自己估量能胜任的课题。调研时，有的文章看得懂，有的文章压根儿看不懂，有的文章似懂非懂，只好不求甚解。失了几夜眠，揉揉发黑的眼圈，好不容易构思出个题目，还要去查查别人是否已做过类似的东西。有的题目做上几个月甚至一两年，或是结果不佳，或是做不下去卡了壳。即使侥幸做好寄去投稿，也常常被审稿者质疑，好像是伪劣产品被曝光似的，或是被要求修改，或是被指责英语不地道。要是遇到退稿，那真是五雷轰顶，觉得"霎时间天昏地又暗"，几个月甚至几年的时间与精力付之东流了。

可是写字呢，只要经过扎扎实实的训练、模仿，再慢慢渗入自己的风格，以后就可驾轻就熟、挥洒自如了。字写好了，人家要去，裱好后，拿回家挂在厅中，就像供菩萨一样，多有光彩。譬如曾有一位外国学者来中科大访问讲学，正值一位风华正茂的安徽画家在图书馆大厅办个人书画展，吸引不少业余书画家来观摩祝贺。我请其中一位专为老外写几个字，乐得那老外在现场又是拍照又是"Thank you"的，乐不可支，把所写的书法作品带回远在天涯海角的佛罗里达半岛去了。可是谁会把一篇论文拿去装裱后挂在家中呢？况且写字的同时可以练气功、练手腕筋骨，于长寿有益，而写论文只会折寿，很快白了少年头，真是划不来。

记得有一年，在合肥四牌楼附近的一个文物店里看文房四宝时，遇到一位自称曾在业余书法比赛中获奖的人，年纪已有五十多，可是他起步练字也只是近一两年的事。很敬佩他的"老骥伏枥，志在千里"的练字精神，顿时有"相见恨晚”的感觉，于是留下地址邀他到我家做客。果然有一天，他颇自信地带了他写的几个字作为墨宝送到我家中，谈到他伏地在旧报纸上练字的经历，我不由得“慷慨赞助”，送了他一沓好纸。事后我想，人家五六十岁尚可练习书法，说不定什么时候我会放弃写论文而专攻书法了。

可我知道我的字不行，没那天分，这辈子恐怕连“业余书法家”的帽子也戴不上了。再者，我也没有把一缸水研成墨写完为止的耐心。更糟糕的是，学写字先要临摹别人的笔体，所谓临帖，或是颜真卿的，或是柳公权的……可我天性不愿意做依样画瓢的事。看来我这后半辈子也只能绷紧脑细胞张成的精神弦在科技论文的文献堆里寻来搜去了。

可是，也有古人说：“学术尤贵多读书，读书多则下笔自雅。故自古以来做学问的人虽不善书而其书有书卷气，故以气味为第一。不然但成乎技，不足贵矣。”据此，我只求字写得有书卷气，就怡然自得了。当尚兵先生买了一把价格100元的扇面让我填一首诗，我写在上面后，果然看出有书卷气。

某君十六快

中科大校园乐事多，某君有快活事十六件，愿与诸位共享。

一、听学校广播喇叭播出消息：偷某学生新自行车的窃贼被擒，人赃俱获被扭送保卫处，不亦快哉！

二、夜自习后回寝室，从咖啡厅传来唱走了调的流行歌曲，失谐的音波在万籁俱寂的夜空中回荡，令人哑然失笑，不亦快哉！

三、看教务处编课程计划，恰有一次课因学校开运动会而被取消。届时可稍稍放松一下，去操场欣赏体育健儿拼搏，千姿百态，妙趣横生，不亦快哉！

四、见物理楼前喷水池水柱达三四层楼高，欲冲入水帘内，须臾之间冲个落汤鸡，打几个大喷嚏，不亦快哉！

五、初春见喜鹊一对，在艺术楼前衔枝筑巢，叽叽喳喳，亲昵异常。想到不久将可见到小喜鹊在树间飞来绕去，伴奏助兴，不亦快哉！

六、夏入三伏，赤日炎炎。由菜场购物骑车归来，一路上大汗淋漓。急拐入校园林荫小憩，汗顿收敛，不亦快哉！

七、校工会发橘子，与妻子各得一大包，满头大汗搬回家后拣出半烂不烂的，不及洗皮，剥后大嚼之，爽甜可口，满嘴津液，不亦快哉！

八、家中偶进老鼠，扰得好几宵夜不能寐。从邻居处借的鼠夹以鸭屁股为诱饵置于厨房一隅，少顷，听到“啪嗒”一声，夹住大鼠一只，为民除害，不亦快哉！

九、见图书馆处理部分旧书，翻阅之中见恰有一书能助解一科研难题，正所谓“得来全不费工夫”。喜出望外，即花几块钱购之。出小钱而办大事，不亦快哉！

十、投一稿件于海外国际杂志，数月内“泥牛入海无消息”。忽一日，见有从别系转来曾被错投的信，是杂志编辑部通知稿件：“论文非常有趣，即将发表”。积半年心血所写之论文得其所哉，不亦快哉！

十一、近月底，工资将尽。忽见审稿费挂号信寄到。即蹬自行车直奔邮局领出。于卤菜摊购得鸡小半只，猪尾巴一条，另沽黄酒二两，与家人共享，不亦快哉！

十二、与一色盲学生下象棋。彼执黑，攻势凌厉。眼看几乎要输，急中生智，用黑马"踹"了黑车，竟未被察觉。反败为胜，不亦快哉！

十三、八月傍晚，在郭沫若铜像附近散步，桂花香气扑鼻，沁人心脾，不亦快哉！

十四、学校家属区铺设煤气管道，见挖沟人掘出小树三棵，弃之于道。暴殄天物，于心不忍，捡来栽于家门口。历半月，见有青翠嫩叶绽出，生机勃勃，不亦快哉！又：学校东区开辟宿松路校门通道时，见有民工正在锯南北东西交叉道旁的一棵小树，但此树在拐角处并不影响交通，遂与民工交涉，劝其停伐，彼不听，再请某校领导出面，终令其停伐。如今见此树已茂盛参天，不亦快哉！

十五、家中阳台杂物堆下忽见一堆花生米，色润肉嫩，颗粒饱满。心中纳闷，百思不得其解从何而来。经仔细侦查，原来是毗邻食堂处潜入潜出的老鼠在夜间搬来的储存物。疑团解开，不亦快哉！

十六、暖暖阳光下挤在人圈里看校运动会比赛，见一戴眼镜学生穿皮鞋跳高，颇觉新鲜，又见一胖乎乎学生身着长裤助跑后在杆前奋力腾身一跃，恰把横杆坐断，众皆乐之，不亦快哉！

某君新十六快

科大校园乐事多。几年前，余曾写了某君十六快与校友共乐，今又新悟十六快，记于此。

一、呕心沥血，构思算稿多篇，累计十余年不能发表，或因积分发散，或因物理意义不显，置之于书架一隅。忽一日，看《三国演义》，觉这些半成品乃“鸡肋”是也，若不忍割弃，徒生乱意，即付之一炬，眼不见则心不烦，不亦快哉。

二、挤在系合唱队里参加校歌咏比赛，舞台上器乐大作，足以淹没余走调之音，遂泰然敞开喉咙，引吭高歌，找一次当歌星的感觉，不亦快哉。

三、平时看书兴浓之处，常随手取纸片夹入作为书签。某日，整理旧书堆，忽见书缝中落出一十几块钱的活期存折，乃是二十五年前节衣缩食所储，喜出望外，不亦快哉。

四、骑旧自行车下坡，兜在风中，忽前轮脱离前叉滚出，车梁折断，人体借惯性跌沉，所幸竟然无伤。如演一幕杂技，有惊无险，不亦快哉。

五、在礼堂听评讲足球的“国嘴”表演评论比赛实况，如听竹筒到豆子，不亦快哉。

六、看书久，觉头痛。取风筝到操场放飞，见数鸟经过，竟在形似燕子的风筝旁绕飞数圈。无心作假，却能乱真，不亦快哉。

七、听学生辩论赛，个个口齿伶俐，锋芒毕露，大有叱咤风云之气，慷慨激昂之淋漓，不亦快哉。

八、秋日，仰首望天，晴空万里，无一丝闲云，顿生用功之心，不亦快哉。

九、夏日，划一塑胶小艇于小池内，见池壁上爬满青壳螺蛳，即大把大把掰下，拿回家中烹而食之，味道好极了。生于污染水质之中居然无恙，不亦快哉。

十、隆冬，连日大雪，携哑铃状铁器一把，去小湖边砸冰，闻喊哩喀喳，感觉甚爽，不亦快哉。

十一、见个别原练“法轮功”的学生与邪教“法轮功”彻底决裂，摆脱精神枷锁，不亦快哉。

十二、狂风细雨中，立于楼三层与四层之间，听高达七层楼的水杉林摇曳发出的细细沙沙声，心田滋润，荣辱皆忘，不亦快哉。

十三、在食堂就餐，于熟菜中发现一肥腴毛毛虫，即与厨工交涉，居然获另添一菜之补偿，即大嚼咽之，不亦快哉。

十四、晨见老翁遛鸟，晚上梦见自己放飞笼中画眉，回归自然，不亦快哉。

十五、在课堂上一气写下两黑板推导公式，如书法家狂书乱草，不亦快哉。

十六、半夜睡眠正酣，却被夜猫子乱叫惊醒，苦无良策以对。忽见对楼一窗户亮起，闪见一赤膊壮汉，开窗厉声叱之，未果；遂端水泼之，野猫终被轰走，不亦快哉。

读《理论物理学研随笔》心得

我师从范洪义先生读博两年，其间先生将科研之余所思所感的小品文缀集成书稿。当时先生说，这些随笔也是他平时心血凝集之作，是他几十年来科研工作的心路历程。他有十分之一的时间是花费在写作这些文章上面的。我恰逢其时，便欣欣然接受了文稿的部分整理工作。

就我的感觉，先生仿佛是生而知之之人，他才思敏锐、博闻强记，常能一目十行。已经发表SCI论文800余篇，自行著述图书18册，皆自己科研成果之汇总，且老来著述不辍，犹有新篇垂范后人。先生酷爱古典文学，尤爱写诗，尝言："能写一首好诗常常比写一篇论文还要难，需要灵感和顿悟。"先生写论文，可谓点铁成金，随意找来一片纸，只要与专业方向有关，一经他过目之后，略加思忖，则可能遂成一文，吾辈不能及其万一也。几十年来，他周济众学生无数，尝自比于"鲁智深"，说其"鲁"，是因为先生坦荡光明；说起"智深"，那是自然。先生在学术宦海中虽不甚通达，用先生的对联说，是"一灯照影似有伴，十分努力却落荒"。但他的能力之强也是罕见的。他自辟蹊径，独创一套算法，独步理论物理学界，也解决了理论物理学中的不少问题。但他不是皓首穷经的迂儒，动辄有崭新观念，其见识吾辈常不能及。而且先生常说自己帮助别人，从不计报酬。想我与先生相识六载，为学两年，先生平时所作所为，又何尝不是如此！再说我吧，我是2007年认识先生的，那时我在皖西学院教书，科研上想进步，正苦于没有出路，恰逢先生到皖西学院讲学，在他作报告的时候我问了一个关于二次量子化的问题，没想到先生作完报告之后还特意和我合了一张影。先生回去之后，我就给他发了一封信，表达了思慕之意，并附上一首粗疏不堪的小诗。于是乎，因此机会就和先生私下里有了学术上的往来。

适逢《理论物理学研随笔》已于2015年1月出版，这里不揣鄙陋，也想好好写上几笔，抒发自己的读后感。我认为，这本书凝结的是先生的治学经验和人生智慧，读这本书是一位大师邀约您走向他的心灵世界，亲身经历学术灵魂上的一次洗礼。然而，正如本书的前言所说："本书的内容比较合孤独、不得意而志向远大者的'口味'，但这并不影响读者从此书中品出淡泊而积极的生活态度、旷达的情怀，学到有效的科研方法。”

本书的深度不言而喻，小文不敢妄加揣度。但是，总体而言，我还能领会到本书的一些特点：

1. 字字珠玑。先生心血凝集之作，绝无泛泛之言，吾辈须仔细体味，方才能领略一二。

2. 用典。本书中科学家的趣闻轶事、古今中外学问家的治学语录以及古代的诗文典籍可谓俯拾皆是，字字有来历，方见真精神。

3. 庄谐俱陈。比如，《为何学做理论物理》一文中“容易写墓志铭”一节，看似悲凉，实则悲欣交集，又不失幽默，如世外高人的隔世之音。

4. 文学性。先生是写诗的人，为文多抒性灵。先生自己的诗句点缀在文章中，愈见其生动。“锁眉怎展颜，格物解形劳。千秋几人圣，万象一式描。才艺双管下，难关单骑挑。不谙宇宙理，庄子浑逍遥。”读到此诗时，我又联想起了先生“一灯照影似有伴”，在科大的哪一个夜晚，先生不是工作到深夜才离开那栋年久失修的小楼呢？

5. 独特的视角。先生是具有天才气质的人，他对世界万象的敏感程度与一般人相比是有一定差别的，所以在他眼前，很多人都显得很怠惰。也正因此，他才能够产生如此之多鲜活的思想。“诗境有禅顿悟易，空门无框遁入难”，我们如能从本书中略微窥得先生的风神俊彩，就已殊为难得了。

这里，我再谈谈我读《指导研究生成为科技领军人物应从培养良好气质抓起》一文的感想。我辈不才，自不敢妄言科技领军人物，唯近日念虑“气质”二字，略有所思，恰读此篇，感觉颇有契合之处。因为本书是先生做科研的心路历程，我辈做学问，更应当认真研读本书，一则汲取营养，吸取治学经验；二则如有所惑，当从中寻求灵感；三则如有心得，可以从中找到印心之处。前几天，偶然间看到曾国藩的一句话，意思是唯读书才能改变人的气质，便觉心有戚戚。与同乡某君谈心，便亮出曾氏此语，谁知此君听后，不以为然，说出他的观点：“唯自信才能改变人的气质。”我一时语塞。后来，我看了先生这篇文章，觉得曾国藩说得没错，我这位同乡说得也没错。试看文中的这一段：“古人云：‘学者，所以复性也。’前辈们把学习作为回归自然的天性，可见对培养良好气质的重视……有良好气质的人才能立志刻苦钻研，长期不懈的刻苦学研过程，反过来又使其气质更坚韧顽强，人也变得更聪慧起来。这说明气质能激发大脑细胞使它兴奋而将其发挥到极致，灵气也就自然而生了。”从这段话可以知道，不读书，不足以复性，即便天生丽质，也有三分市侩气，而从读书学习可以获得真实的智慧，培养自己的灵气，充实人的精神世界，从而提升人的气质。有智慧有灵气的人便有自信，而这种自信不同于盲目的自信，它作用于人的心理自然会让人更超然洒脱、气度不凡，从而改变人的气质。因此，我们是否可以用物理学的术语说，自信力和良好的气质是两个状态量，它们之间是相互砥砺的，而读书学习则是一个过程量，不通过好学深思这一过程，无以成自信，也无以成良好的气质。

先生在《理论物理高才思维的培训》一文开篇有这么一段话："指导理论物理研究生多年，我总结出以下一些心得。古人云：'学道如穿井，井弥深，土弥难出。'高才思维者，既能精心独运，别出心裁，也能集思广益，从而另辟蹊径，别开生面，左右逢源。人都以为高才思维者寥寥无几，可望而不可及。事实上，高才思维是可以培训的。未经训练之人，好守陈规而不能创新，是何缘故呢？陈规是空架子，有步履可循，而创新专现性灵，非有天才般的思维不能。"

由这段话可以看出，创新的桎梏恰恰是学人已有的现成知识，也即所说的陈规，然如何将所习得的陈规转化为新的知识而有所创新呢？先生指出"对于绝大多数人，培训理论物理高才思维必先从'守陈规'起，即先从一步步的推导开始，在推导过程的来龙去脉中领悟物理……它们是今后创新概念的温床。而未经训练之人，即使有好题目举手可触，也会如鱼那样，不知河道要拐弯了。"我以为，治学过程中遵规矩和创新之间是若即若离的关系，如何做到从遵规矩到不拘泥于规矩乃至从心所欲而不逾矩实在是每一个学人在求学过程中痛苦煎熬的一个历程，现在的我又何尝不是烦恼于此呢？少年之时，以学习知识为快乐，对高深的知识怀有畏惧之心，如今可能已习得了不少知识，但为有知识却创新不得而深感郁闷。然而，值得欣慰的是，我们可能已从"独上高楼，望断天涯路"的层次上升到"衣带渐宽终不悔，为伊消得人憔悴"的境界。

总之，读这本书的感悟绝不是三言两语就能够说完道尽的，此外，有些智慧更需要悟性和切身体会才能领会，比起时下一些所谓的心灵鸡汤，那可是有天壤之别，学者不可不深思慎取也。

何　锐
2020年7月

跋——一灯照影似有伴

9月10日上午，合肥，秋雨绵绵，梧桐叶落。范洪义教授来我办公室，将他的新著《理论物理学研随笔》编辑稿电子版拷给我，一再嘱我就此写点文字。作为一名文科专业毕业生，我在中国科学技术大学这所理工科大学虽已工作很长时间，但对“理论物理”依然感到高深莫测，如同谜窟一般，根本无从置喙。尽管这本新著并非专谈高深学问，而是范老师在长期的理论物理科研和教学中的心得与体会，是文理兼容、雅俗共赏的性灵之作，可即便如此，我想也很难在短时间里就著作本身理出头绪，写出条分缕析的文字来。因此，范老师走后，听着窗外的雨声，我感到有些犯愁，不知怎样完成范老师交代的任务。

回想起来，和范老师相识也算是有些年头了。20世纪90年代初期，我大学毕业后工作时间还不算长，在校长办公室从事秘书工作。那时候，对我而言，范老师就是神一般的存在——仅仅是“新中国自主培养的首批博士之一”这个名头，就足够令人景仰了。要知道，偌大的中国，首批博士只有寥寥18人而已。当时，原国家科委信息中心开始发布年度中国科技论文统计数据，范老师连续多年列入发表国际SCI学术论文数量个人名单排行榜和被引用次数个人名单排行榜，好几次都是第一名。用今天的眼光看，他是一颗不折不扣的“学术明星”。可他并没有如时下某些“学术明星”那样志得意满，走出书斋游走江湖，四处奔波于作报告、开讲座、当评委、拉项目、争荣誉一类的活动之间，而是依然故我，始终按照自己固有的节奏和习惯，沉浸在教学科研之中。700多篇SCI论文、14部学术专著以及见诸报端的大量古体诗和学术随笔，便是他几十年精彩学术生涯的最好见证。

我到宣传部工作后，和范老师接触的机会稍微多了些。范老师不仅学问做得好，中国传统文化的根底也很扎实。做学问、教学生之余，还很喜欢写诗作文，有了新作常常会亲自送到《中国科学技术大学学报》副刊，有时候顺便到我办公室坐坐，随便聊聊天，说说他的得意之笔。说实话，我很惊讶于他对中国传统文化的熟悉和热爱，也很佩服他的记忆力和对文字的感觉。我确信以他的文化功力，就算去中文系任教也是完全称职的。

和范老师接触多了，一方面觉得对他了解得更多了，另一方面又觉得他更像个谜了：为什么他不仅能在高深的学术研究中取得如此丰硕的成就，又能有如此巨大的热情和精力，以至于在中国文化方面有着难能可贵的表现呢？思之再三，我想可能有如下两个原因：

一是心无旁骛。记得有一天下午，范老师在东区学生活动中心的西侧看到一棵高大的梧桐树的粗大树枝被锯下，架在树枝上的一个硕大的鸟窝跌落在地上，一片狼藉。看到这个纯属天工的鸟类的家园被肆意破坏，他非常愤怒，气冲冲地跑到办公楼找校领导反映此事，希望学校管理部门派人去校园临时工那里了解一下鸟窝里的雏鸟的下落，并教育他们爱树、爱鸟。那时，我正在办公室干活，看到范老师靠在校长的办公室门外等候，焦躁不安。事后，我得知，一位校领导在听到范老师的反映后，即刻去绿化科调查此事，正好看到几个临时工把被捕获的七八只雏鸟，作为他们的下酒菜……

我想，换作别人，对临时工捣毁鸟窝的事也许也会感到愤怒，不过大多会在心里埋怨两句了事，极少会有人做出找校长告状这样有点"冒傻气"的事来。不过也正因如此，他那副对于"倾巢之下，岂有完卵"的痛惜的样子至今还在我的脑海里留下清晰的印记。

我想，人的行为一般出于两种考量：一是理性判断，二是随心所欲。前者往往能比较冷静地分析形势，做出对己有利的选择。当然我不是说这样做不好，实际上这正是人之常情，只不过这样的选择往往倾向于功利和自私。而后者则更倾向于率性而为，遵照自己的内心，简单而真诚，当然也更容易变得执着。

范老师显然属于后者。他一直坚持自己的"三不争"原则：一不报奖，二不报院士，三不与人攀比。他选择物理作为自己的专业完全是出于从小就有的兴趣，他认为："物理学家是聆听自然脉搏的声学家，是描绘自然规律的画家。"他的最大梦想就是让自己的研究成果能够记载于教科书中，使它们"既有长远的科研价值，又有普及的科学意义"。我想，这也正是他数十年如一日，不为外界名利所动，始终沉浸在自己的学术天地里的深层原因。从他的学术生涯中，能得出一个很简单的道理——只有简单面对世事人情的人，才能心无旁骛地投入到所从事、所热爱的对真理的追求之中去。设想一下，如果范老师是个成天计较蝇头小利、勾心斗角算计他人的人，他还能有多少心思放在他的学术事业上呢？

二是耐得寂寞。在本书前言中，范老师用"一灯照影似有伴，十分努力却落荒"这句诗来形容自己的学术人生，并称这本书里的东西"比较合孤独、不得意而志向远大者的‘口味’”。我想，读者诸君不要被这句话表面上的意思迷惑，真的认为范老师不满意自己的人生境遇和价值实现。其实，这正是范老师的聪明和“狡猾”之处：因为看得透世俗的功名利禄，因为耐得住学术研究的寂寞春秋，他才能跳出樊篱束缚，转而用调侃的方式来反顾自我，将自己归入“寂寞”与“孤独”者之列。我想，这恰恰是范老师对自己的学术人生的最高肯定。因此，正如范老师在前言中所说，这样的文字完全“不影响读者从此书中品出淡泊而积极的生活态度、旷达的情怀，学到有效的科研方法”。

我一直觉得，这个世界不外乎由两种人组成：一是热闹人，一是寂寞者。热闹人总在通过自己的言谈、行为、动作向世界发声，惹人注目，以博得大众的关注和现实的利益，同时炫耀自己人生的绚烂多彩，但往往失之于浮躁、浅薄，如雨滴落入水面，瞬间即逝。寂寞者则不同，他的为人处世、修学著述总是沉静自若，朴实无华，绝难成为万众瞩目的焦点。但正因为甘于在宁静中感悟，在寂寞中持守本真，所以多了几分深刻与厚重，值得回味、咀嚼、把玩再三。从范老师该新著中一篇篇谈天说地、说古道今的隽永随笔中即可看出他正是这样的寂寞者。这些随笔立意高远，文字亲切随和、自然流畅，洋溢着他对科学发现的追求、对科教事业的执着、对奖掖后学的热切、对人生价值的思索。品读这样的作品，让人很容易平心静气，进入物我两忘的境地，仿佛尘世的喧嚣和浮躁都悄然远去。

笔者曾经在一篇文章中说过：“以读书、思考和著述为精神安慰与享受者，是需要一种寂寞的境遇和情怀的。”这一点并不容易做到，这不仅因为俗世的功名利禄时刻散发出诱人的“芳香”，而且因为人性中往往含有一种不甘寂寞的成分，因此，耐得住寂寞的确是一种可贵的情怀。

品读本书，再联想到范老师的人生姿态，这一点尤其令人印象深刻。为此，在范老师的新著即将问世之际，谨以范老师的诗句“一灯照影似有伴”为副题，拉拉杂杂写下这些文字，以表祝贺！

蒋家平

2014年9月